에라토스테네스가 만든 소인수분해

19 에라토스테네스가 만든 소인수분해

ⓒ 김종영, 2008

초판 1쇄 발행일 | 2008년 6월 2일
초판 8쇄 발행일 | 2020년 10월 20일

지은이 | 김종영
펴낸이 | 정은영
펴낸곳 | (주)자음과모음

출판등록 | 2001년 11월 28일 제2001-000259호
주   소 | 04047 서울시 마포구 양화로6길 49
전   화 | 편집부 (02)324-2347, 경영지원부 (02)325-6047
팩   스 | 편집부 (02)324-2348, 경영지원부 (02)2648-1311
e-mail | jamoteen@jamobook.com

ISBN 978-89-544-1673-3 (04410)

천재들이 만든
수학퍼즐
⑲
에라토스테네스가 만든 소인수 분해

김종영(M&G 영재수학연구소) 지음

㈜자음과모음

수학에 대한 막연한 공포를 단번에
날려 버리는 획기적 수학 퍼즐 책!

추천사를 부탁받고 처음 원고를 펼쳤을 때, 저도 모르게 탄성을 질렀습니다. 언젠가 제가 한번 써 보고 싶던 내용이었기 때문입니다. 예전에 저에게도 출판사에서 비슷한 성격의 책을 써 볼 것을 권유한 적이 있었는데, 재미있겠다 싶었지만 시간이 없어서 거절해야만 했습니다.

생각해 보면 시간도 시간이지만 이렇게 많은 분량을 쓰는 것부터가 벅찬 일이었던 것 같습니다. 저는 한 권 정도의 분량이면 이와 같은 내용을 다룰 수 있을 거라 생각했는데, 이번 책의 원고를 읽어 보고 참 순진한 생각이었음을 알았습니다.

저는 지금까지 수학을 공부해 왔고, 또 앞으로도 계속 수학을 공부할 사람으로서, 수학이 대단히 재미있고 매력적인 학문이라 생각합니다만, 대부분의 사람들은 수학을 두려워하며 두 번 다시 보고 싶지 않은 과목으로 생각합니다. 수학이 분명 공부하기에 쉬운 과목은 아니지만, 다른 과목에 비해 '끔찍한 과목'으로 취급받는 이유가 뭘까요? 제

생각으로는 '막연한 공포' 때문이 아닐까 싶습니다.

무슨 뜻인지 알 수 없는 이상한 기호들, 한 줄 한 줄 따라가기에도 벅찰 만큼 어지럽게 쏟아져 나오는 수식들, 그리고 다른 생각을 허용하지 않는 꽉 짜여진 '모범 답안'이 수학을 공부하는 학생들을 옥죄는 요인일 것입니다.

알고 보면 수학의 각종 기호는 편의를 위한 것인데, 그 뜻을 모른 채 무작정 외우려다 보니 더욱 악순환에 빠지는 것 같습니다. 첫 단추만 잘 끼우면 수학은 결코 공포의 대상이 되지 않을 텐데 말입니다.

제 자신이 수학을 공부하고, 또 가르쳐 본 사람으로서, 이런 공포감을 줄이는 방법이 무엇일까 생각해 보곤 했습니다. 그 가운데 하나가 '친숙한 상황에서 제시되는, 호기심을 끄는 문제'가 아닐까 싶습니다. 바로 '수학 퍼즐'이라 불리는 분야입니다.

요즘은 수학 퍼즐과 관련된 책이 대단히 많이 나와 있지만, 제가 《재미있는 영재들의 수학퍼즐》을 쓸 때만 해도, 시중에 일반적인 '퍼즐 책'은 많아도 '수학 퍼즐 책'은 그리 많지 않았습니다. 또 '수학 퍼즐'과 '난센스 퍼즐'이 구별되지 않은 채 마구잡이로 뒤섞인 책들도 많았습니다.

그래서 제가 책을 쓸 때 목표로 했던 것은 비교적 수준 높은 퍼즐들을 많이 소개하고 정확한 풀이를 제시하자는 것이었습니다. 목표가 다소 높았다는 생각도 듭니다만, 생각보다 많은 분들이 찾아 주어 보통 사람들이 '수학 퍼즐'을 어떻게 생각하는지 알 수 있는 좋은 기회가 되기도 했습니다.

문제와 풀이 위주의 수학 퍼즐 책이 큰 거부감 없이 '수학을 즐기는 방법'을 보여 주었다면, 그 다음 단계는 수학 퍼즐을 이용하여 '수학을 공부하는 방법'이 아닐까 싶습니다. 제가 써 보고 싶었던, 그리고 출판사에서 저에게 권유했던 것이 바로 이것이었습니다.

수학에 대한 두려움을 없애 주면서 수학의 기초 개념들을 퍼즐을 이용해 이해할 수 있다면, 이것이야말로 수학 공부의 첫 단추를 제대로 잘 끼웠다고 할 수 있지 않을까요? 게다가 수학 퍼즐을 풀면서 느끼는 흥미는, 이해도 못한 채 잘 짜인 모범 답안을 달달 외우는 것과는 전혀 다른 즐거움을 줍니다. 이런 식으로 수학에 대한 두려움을 없앤다면 당연히 더 높은 수준의 수학을 공부할 때도 큰 도움이 될 것입니다.

그러나 이런 이해가 단편적인 데에서 그친다면 그 한계 또한 명확해질 것입니다. 다행히 이 책은 단순한 개념 이해에 그치지 않고 교과 과정과 연계하여 학습할 수 있도록 구성되어 있습니다. 이 과정에서 퍼즐을 통해 배운 개념을 더 발전적으로 이해하고 적용할 수 있어 첫 단추만이 아니라 두 번째, 세 번째 단추까지 제대로 끼울 수 있도록 편집되었습니다. 이것이 바로 이 책이 지닌 큰 장점이자 세심한 배려입니다. 그러다 보니 수학 퍼즐이 아니라 약간은 무미건조한 '진짜 수학 문제'도 없지는 않습니다. 그러나 수학을 공부하기 위해 반드시 거쳐야

하는 단계라고 생각하세요. 재미있는 퍼즐을 위한 중간 단계 정도로 생각하는 것도 괜찮을 것 같습니다.

수학을 두려워하지 말고, 이 책을 보면서 '교과서의 수학은 약간 재미없게 만든 수학 퍼즐'일 뿐이라고 생각하세요. 하나의 문제를 풀기 위해 요모조모 생각해 보고, 번뜩 떠오르는 아이디어에 스스로 감탄도 해 보고, 정답을 맞히는 쾌감도 느끼다 보면 언젠가 무미건조하고 엄격해 보이는 수학 속에 숨어 있는 아름다움을 음미하게 될 것입니다.

고등과학원 연구원

박 부 성

영재교육원에서 실제 수업을 받는 듯한
놀이식 퍼즐 학습 교과서!

《천재들이 만든 수학퍼즐》은 '우리 아이도 영재 교육을 받을 수 없을까?' 하고 고민하는 학부모들의 답답한 마음을 시원하게 풀어 줄 수학 시리즈물입니다.

이제 강남뿐 아니라 우리 주변 어디에서든 대한민국 어머니들의 불타는 교육열을 강하게 느낄 수 있습니다. TV 드라마에서 강남의 교육을 소재로 한 드라마가 등장할 정도니 말입니다.

그러나 이러한 불타는 교육열을 충족시키는 것은 그리 쉬운 일이 아닙니다. 서점에 나가 보면 유사한 스타일의 문제를 담고 있는 도서와 문제집이 다양하게 출간되어 있지만 전문가들조차 어느 책이 우리 아이에게 도움이 될 만한 좋은 책인지 구별하기가 쉽지 않습니다. 이렇게 천편일률적인 책을 읽고 공부한 아이들은 결국 판에 박힌 듯 똑같은 것만을 익히게 됩니다.

많은 학부모들이 '최근 영재 교육 열풍이라는데……' '우리 아이도 영재 교육을 받을 수 없을까?' '혹시…… 우리 아이가 영재는 아닐

까?'라고 생각하면서도, '우리 아이도 가정 형편만 좋았더라면……'
'우리 아이도 영재교육원에 들어갈 수만 있다면……'이라고 아쉬움
을 토로하는 것이 현실입니다.

현재 우리나라 실정에서 영재 교육은 극소수의 학생만이 받을 수
있는 특권적인 교육 과정이 되어 버렸습니다. 그래서 더더욱 영재 교
육에 대한 열망은 높아집니다. 특권적 교육 과정이라고 표현했지만,
이는 부정적 표현이 아닙니다. 대단히 중요하고 훌륭한 교육 과정이
지만, 많은 학생들에게 그 기회가 돌아가기 힘들다는 단점을 지적했
을 뿐입니다.

이번에 이러한 학부모들의 열망을 실현시켜 줄 수학책《천재들이
만든 수학퍼즐》시리즈가 출간되어 장안의 화제가 되고 있습니다. 《천
재들이 만든 수학퍼즐》은 영재 교육의 커리큘럼에서 다루는 주제를
가지고 수학의 원리와 개념을 친절하게 설명하고 있어 책을 읽는 동
안 마치 영재교육원에서 실제로 수업을 받는 느낌을 가지게 될 것입
니다.

단순한 문제 풀이가 아니라 하나의 개념을 여러 관점에서 풀 수 있
는 사고력의 확장을 유도해서 다양한 사고방식과 창의력을 키워 주는
것이 이 시리즈의 장점입니다.

여기서 끝나지 않습니다. 《천재들이 만든 수학퍼즐》은 제목에서 나
타나듯 천재들이 만든 완성도 높은 문제 108개를 함께 다루고 있습니

다. 이 문제는 초급 · 중급 · 고급 각각 36문항씩 구성되어 있는데, 하나같이 본편에서 익힌 수학적인 개념을 자기 것으로 충분히 소화할 수 있도록 엄선한 수준 높고 다양한 문제들입니다.

수학이라는 학문은 아무리 이해하기 쉽게 설명해도 스스로 풀어 보지 않으면 자기 것으로 만들 수 없습니다. 상당수 학생들이 문제를 풀어 보는 단계에서 지루함을 못 이겨 수학을 쉽게 포기해 버리곤 합니다. 하지만 《천재들이 만든 수학퍼즐》은 기존 문제집과 달리 딱딱한 내용을 단순 반복하는 방식을 탈피하고, 빨리 다음 문제를 풀어 보고 싶게끔 흥미를 유발하여, 스스로 문제를 풀고 싶은 생각이 저절로 들게 합니다.

문제집이 퍼즐과 같은 형식으로 재미만 추구하다 보면 핵심 내용을 빠뜨리기 쉬운데 《천재들이 만든 수학퍼즐》은 흥미를 이끌면서도 가장 중요한 원리와 개념을 빠뜨리지 않고 전달하고 있습니다. 이것이 다른 수학 도서에서는 볼 수 없는 이 시리즈만의 미덕입니다.

초등학교 5학년에서 중학교 1학년까지의 학생이 머리는 좋은데 질 좋은 사교육을 받을 기회가 없어 재능을 계발하지 못한다고 생각한다면 바로 지금 이 책을 읽어 볼 것을 권합니다.

메가스터디 엠베스트 학습전략팀장

최 남 숙

머 리 말

핵심 주제를 완벽히 이해시키는
주제 학습형 교재!

영재 수학 교육을 받기 위해 선발된 학생들을 만나는 자리에서, 또는 영재 수학을 가르치는 선생님들과 공부하는 자리에서 제가 생각하고 있는 수학의 개념과 원리 그리고 수학 속에 담긴 철학에 대한 흥미로운 이야기를 소개하곤 합니다. 그럴 때면 대부분의 사람들은 반짝이는 눈빛으로 저에게 묻곤 합니다.

"아니, 우리가 단순히 암기해서 기계적으로 계산했던 수학 공식들 속에 그런 의미가 있었단 말이에요?"

위와 같은 질문은 그동안 수학 공부를 무의미하게 했거나, 수학 문제를 푸는 기술만을 습득하기 위해 기능공처럼 반복 훈련에만 매달렸다는 것을 의미합니다.

이 같은 반복 훈련으로 인해 초등학교 저학년 때까지는 수학을 좋아하다가도 학년이 올라갈수록 수학에 싫증을 느끼게 되는 경우가 많습니다. 심지어 많은 수의 학생들이 수학을 포기한다는 어느 고등학교 수학 선생님의 말씀은 이런 현상을 반영하는 듯하여 쓸쓸한 기분마저 들게 합니다. 더군다나 학창 시절에 수학 공부를 잘해서 높은 점수를 받았던 사람들도 사회에 나와서는 그렇게 어려운 수학을 왜 배웠는지 모르겠다고 말하는 것을 들을 때면 씁쓸했던 기분은 좌절감으로 변해 버리곤 합니다.

수학의 역사를 살펴보면, 수학은 인간의 생활에서 절실히 필요했기 때문에 탄생했고, 이것이 발전하여 우리의 생활과 문화가 더욱 윤택해진 것을 알 수 있습니다. 그런데 왜 현재의 수학은 실생활과는 별로 상관없는 학문으로 변질되었을까요?

교과서에서 배우는 수학은 $\frac{1}{2} \div \frac{2}{3} = \frac{1}{2} \times \frac{3}{2} = \frac{3}{4}$의 수학 문제처럼 '정답은 얼마입니까?'에 초점을 맞추고 답이 맞았는지 틀렸는지에만 관심을 둡니다.

그러나 우리가 초점을 맞추어야 할 부분은 분수의 나눗셈에서 나누는 수를 왜 역수로 곱하는지에 대한 것들입니다. 학생들은 선생님들이 가르쳐 주는 과정을 단순히 받아들이기보다는 끊임없이 궁금증을 가져야 하고 선생님은 학생들의 질문에 그들이 충분히 이해할 수 있도록 설명해야 할 의무가 있습니다. 그러기 위해서는 수학의 유형별 풀이 방법보다는 원리와 개념에 더 많은 주의를 기울여야 하고 또한 이를 바탕으로 문제 해결력을 기르기 위해 노력해야 할 것입니다.

앞으로 전개될 영재 수학의 내용은 수학의 한 주제에 대한 주제 학습이 주류를 이룰 것이며, 이것이 올바른 방향이라고 생각합니다. 따라서 이 책도 하나의 학습 주제를 완벽하게 이해할 수 있도록 주제 학습형 교재로 설계하였습니다.

끝으로 이 책을 출간할 수 있도록 배려하고 격려해 주신 (주)자음 과모음의 강병철 사장님께 감사드리고, 기획실과 편집부 여러분들께도 감사드립니다.

2008년 6월 M&G 영재수학연구소

홍선호

A. 주제 설정의 취지 및 장점

소인수분해 factorization in prime factors

분해한다는 것은 조합되어 있는 어떠한 물체를 손상시키지 않고 하나하나 떼어 내어 구성인자가 어떠한 위치나 성질을 가지고 있는지 알기 위하여 행해지는 행위를 말합니다. 분해한 인자들이 다시 원래의 상태로 되돌아가기 위해서는 연결고리를 주어진 순서대로 이어야만 합니다. 따라서 모든 물체나 수를 분해할 때는 규칙이 존재합니다. 어떤 수를 분해할 때 그 수를 덧셈을 이용하여 분해하느냐 곱셈을 이용하여 분해하느냐에 따라 규칙은 달라집니다. 또 자연수의 범위에서 분해하느냐 실수의 범위에서 분해하느냐에 따라 또 다른 결과가 나옵니다.

예를 들어 15란 수를 분해할 때 분해를 하기 위한 조건이 주어지지 않는다면 아래와 같이 수많은 방법으로 분해할 수 있을 것입니다.

예1) 자연수의 범위에서 수의 분해

$16=1+15$, $16=2+14$, $16=3+13$, $16=4+12$, ⋯ 덧셈

$16=1\times16$, $16=2\times8$, $16=4\times4$, $16=8\times2$, $16=16\times1$, ⋯ 곱셈

예2) 실수의 범위에서 수의 분해

$16=0.1+15.9$, $16=0.11+15.89$, $16=0.111+15.889$, ⋯ 덧셈

$16=1\times16$, $16=1.5\times\dfrac{32}{3}$, $16=2.5\times6.4$, $16=3.5\times\dfrac{32}{7}$, ⋯ 곱셈

이 책에서는 자연수의 범위 안에서 곱셈을 이용한 수의 분해를 다루고 있습니다. 어떤 자연수를 자연수의 범위에서 곱셈만을 사용하여 분해할 때, 소수인 인수들의 곱으로 나타내는 것을 소인수분해라고 합니다. 소인수분해는 곱셈을 이용하여 나타내기 때문에 소인수의 순서가 바뀌어도 교환법칙에 의해 그 값은 항상 같습니다.

따라서 어떤 자연수를 소인수분해하는 방법은 오직 한 가지뿐입니다.

소인수분해는 중학교 수학의 앞부분에서 다루고 있지만 사실은

초등학교 5학년의 약수와 배수에서 이미 소인수분해의 개념을 다루고 있습니다. 소인수분해나 인수분해는 앞으로 배우게 될 방정식이나 함수의 영역에서까지 매우 중요하게 쓰이는 분야입니다.

이 책은 학생들이 쉽고 재미있게 소인수분해를 이해할 수 있도록 각각의 경우에 맞는 예를 들어 설명하고 있습니다.

B 교과 과정과의 연계

구분	학년	단원	연계되는 수학적 개념과 원리
초등학교	5학년	약수와 배수	• 약수와 배수 • 공약수와 공배수 • 최대공약수와 최소공배수
	6학년	약수의 범위	
중학교	1학년	자연수, 문자와 식, 방정식, 함수	• 소인수분해 • 문자와 식 • 지수법칙 • 방정식
	2학년	부등식, 일차함수	
	3학년	이차방정식, 이차함수	• 함수 • 인수분해
고등학교	1~3학년	정수, 방정식, 함수, …	• 인수정리

C 이 책에서 배울 수 있는 수학적 원리와 개념

1. 자연수에서 1과 소수를 제외한 모든 합성수는 소인수분해할 수 있습니다.
2. 소인수분해를 통하여 인수분해를 쉽게 이해하고 배울 수 있습니다.
3. 약수와 배수 그리고 지수법칙과 방정식 등 수학의 많은 부분에서 쓰이고 있는 소인수분해에 대해 알 수 있습니다.

D 각 교시별로 소개되는 수학적 내용

1교시 _ 수의 기원

소인수분해란 어떤 수가 자연수의 범위에서 어떤 소수들의 곱으로 이루어지는지 알아내고 활용 방법을 찾는 분야입니다. 따라서 자연수를 알면 소인수분해를 공부하는 데 도움이 됩니다. 더 나아가 우리가 사용하는 수의 기원을 안다면 수를 배우는 데 더 많은 도움이 될 것입니다. 1교시에서는 우리가 사용하는 수의 기원에 대하여 자세히 알려 줍니다.

2교시 _ 수의 진화

인류 문명의 발생지에서 사용되던 여러 종류의 수들은 문명이 어떻게 진화되고 또 여러 문명의 교류에 따라 수들도 어떤 영향을 주고받았는지를 알려줍니다. 국가나 문명의 흥망성쇠가 있듯이 각 문명지에서 사용되던 수들도 발전하고 쇠퇴하였습니다. 오늘날 우리가 사용하는 수가 되기까지 어떤 진화 과정을 거쳐 왔는지 알아봅니다.

3교시 _ 자연수와 정수

소인수분해의 핵심인 자연수와 정수에 대하여 알아봅니다. 자연수에서 홀수와 짝수 그리고 소수와 합성수에 대하여 살펴보고 자연수와 정수의 공통점과 차이점 및 0에 대한 기원과 쓰임에 대하여 알아봅니다.

4교시 _ 유리수와 무리수

자연수와 정수보다 확장된 유리수, 무리수가 수직선에 어떻게 대응하는지 자세히 알아봅니다. 또한 유한소수와 무한소수를 설명하면서 순환하는 무한소수와 순환하지 않는 무한소수는 어떤 차이가 있는지 예를 통해서 살펴봅니다.

5교시 _ 실수와 허수

유리수와 무리수보다 확장된 실수와 실생활에서는 잘 쓰이지 않는 허수에 대하여 알아봅니다. 그리고 실수와 허수의 공통점, 차이점과 함께 실수와 허수의 쓰임새에 대해서도 알아봅니다.

6교시 _ 약수와 인수

소인수분해를 배우기 위해서는 먼저 꼭 알아야 하는 약수와 인수에 대하여 살펴봅니다. 약수와 인수의 용어에 대해서도 자세히 설명하고 있습니다. 또한 약수와 인수의 쓰임새에 대해서도 알아봅니다.

7교시 _ 공약수와 공배수

두 수 이상의 자연수의 약수들 사이에는 어떤 규칙을 가지고 있는지 알아보고 서로소와 약수, 더불어 배수들도 어떤 규칙이 있는지를 살펴봅니다. 그리고 약수와 교집합은 어떤 관계를 가지고 있으며 공통점과 차이점은 무엇인지에 대해서도 자세히 살펴봅니다.

8교시 _ 소수와 소인수

소수와 소인수를 찾는 방법을 알아보고 각각의 방법들 간에는 어떤 차이점과 공통점이 있는지 탐구합니다. 그리고 소수와 합성수에 대하여 다시 한 번 자세히 살펴봅니다.

9교시 _ 소인수분해

이 책의 중심인 소인수분해에 대하여 알아봅니다. 1교시부터 8교시까지의 설명은 9교시를 위한 것이라고 할 수 있습니다. 소인수분해와 인수분해의 차이점, 공통점과 함께 소인수분해의 여러 가지 방법을 살펴봅니다.

10교시 _ 소인수분해의 활용

소인수분해를 활용하여 약수의 개수를 구하는 방법을 알아보고, 약수들의 합을 구해 봅니다. 또한 소인수분해를 활용하여 최대공약수와 최소공배수를 쉽게 구하는 방법을 알아봅니다.

E 이 책의 활용 방법

E-1. 《에라토스테네스가 만든 소인수분해》의 활용

1. 우리가 사용하는 수는 어떤 기원을 가지고 있으며, 어떤 진화
   과정을 거쳐 지금에 이르렀는지 이해하는 데 도움이 됩니다.

2. 실생활에서 흔히 쓰이는 자연수, 정수, 유리수와 실생활에서는
   자주 쓰이지 않는 무리수가 어떻게 사용되는지 공부해 봅니다.
   무리수는 실제로 측량은 할 수 없지만 그 값을 알 수 있는 방법

을 터득하여 활용해 봅니다.

3. 에라토스테네스의 체를 활용하여 자연수에서 두 개 이상의 약수를 가지고 있는 자연수와 그렇지 않는 자연수를 구별해 봅니다.

4. 소인수분해를 활용하여 최대공약수와 최소공배수를 구해 보고, 약수의 개수와 약수들의 합도 구해 봅니다.

E-2. 《에라토스테네스가 만든 소인수분해-익히기》의 활용 방법

1. 난이도에 따라 초급, 중급, 고급으로 나누었습니다. 따라서 '초급→중급→고급' 순으로 문제를 해결하는 것이 좋습니다.

2. 교시별로, 예를 들어 초급→중급→고급 문제 순으로 해결해도 좋습니다.

3. 문제를 해결하다 어려움에 부딪히면, 문제 상단부에 표시된 교시의 '학습 목표'로 다시 돌아가 기본 개념을 충분히 이해한 후 다시 해결하는 것이 바람직합니다.

4. 문제가 쉽게 해결되지 않는다고 해서 바로 해답부터 먼저 확인하는 것은 사고력을 키우는 데 도움이 되지 않습니다.

5. 친구들이나 선생님, 그리고 부모님과 문제에 대해 토론해 보는 것도 아주 좋은 방법입니다.

6. 한 문제를 한 가지 방법으로 해결하기보다는 다양한 방법으로 여러 번 풀어 보는 것이 좋습니다.

수메르인들의 문자는

마치 쐐기 모양처럼 보여서

쐐기 문자라고 이름이 붙여졌습니다.

교시

1

수의 기원

1교시 학습 목표

1. 문자의 의미에 대하여 알 수 있습니다.
2. 문자와 숫자와의 차이를 알 수 있습니다.

미리 알면 좋아요

1. 쐐기 문자 기원전 3500년경에 지금의 이라크 지역인 유프라테스 강과 티그리스 강 사이에 수메르인Sumerian들이 이동해 와 살기 시작하였습니다. 수메르인들은 이 지역에서 메소포타미아 문명을 일으켰습니다. 수메르인들은 '스틸루스'라는 끝이 뾰족한 갈대를 가지고 부드러운 점토판 위에 빗금 모양의 문자를 쓰기 시작하였습니다. 수메르인들의 문자는 마치 쐐기 모양설형楔形처럼 보여서 수메르인들이 쓴 문자는 쐐기 문자설형 문자라고 이름이 붙여졌습니다.

2. 상형 문자 물체의 모양을 본떠서 만든 그림 문자를 상형 문자라고 합니다. 이집트인들은 강가에서 자라는 파푸라는 갈대로 만든 갈대껍질파피루스위에 그들의 문자를 기록으로 남겼습니다. 실체가 없는 소리나 추상적인 것은 기호를 써서 문자로 씁니다. 상형 문자는 글자 자체가 물체를 나타내고 있기 때문에 글자마다 뜻을 가지고 있는 표의 문자表意文字로 발전합니다. 중국의 갑골 문자한자는 대표적인 표의 문자입니다.

1 설형 문자와 상형 문자를 비교하여 같은 점과 다른 점을 쓰시오.

대~한민국, 짝짝 짝 짝짝~, 대~한민국, 짝짝 짝 짝짝~ ♬

지구를 뜨겁게 달구었던 2002년 6월 21일, 광주 월드컵 경기장에서는 한국과 스페인 선수들이 조국의 명예를 걸고 월드컵 8강전을 치르고 있었습니다.

같은 날 일본에서도 잉글랜드와 브라질이 8강전을 치르고 있었고, 다음날에도 독일과 미국 그리고 세네갈과 터키가 한국과 일본에 있는 월드컵경기장에서 치열하게 8강전을 치르고 있었습니다.

한 · 일 월드컵 8강전에 올라온 나라들은, 아시아 대륙의 한국과 터키, 유럽 대륙의 잉글랜드와 스페인, 북아메리카 대륙의 미국, 남아메리카 대륙의 브라질, 그리고 아프리카 대륙에서 세네갈이었습니다. 각국의 선수들은 자존심과 조국의 명예를 걸고 8강전을 치렀습니다.

그리고 보면 2002년 월드컵에서는 사람이 살고 있는 6개의 대륙 중 오세아니아에서 출전한 나라들만 8강에 올라오지 못했습니다.

　인류의 조상은 아프리카 대륙에서 먼저 출현했다고 합니다. 그러나 원시 인류의 가장 큰 변화를 가져온 불火은 베이징인이 가장 먼저 사용하였습니다. 베이징인들은 약 60만 년 전부터 살았고, 불을 사용하기 시작한 것은 약 50만 년 전부터라고 합니다. 따라서 그들은 약 10만 년 동안이나 불이 없는 세상에서 짐승들과 경쟁하며 힘겹게 살아왔습니다.
　그리고 원시 시대의 사람들은 집단생활을 하면서 그들만의 의사소통에 필요한, 소리에 가까운 언어를 사용하였지만 문자를 사용하는 기원전 3000년경까지 또 50만 년을 기다려야 했습니다.
　그 후로도 서기 105년 중국의 한나라 때 채륜이 종이를 만들기까지 사람들은 또 3000여 년을 기다렸습니다.

　인간이 모여 생활하는 모든 지역에는 나름대로의 문명과 문화가 있습니다.

체계적이고 지속적인 인류의 문명은 바로 6개 대륙의 큰 강가에서 발생하였습니다.

그중에서도 이라크 유프라테스 강 유역의 메소포타미아 문명, 이집트 나일강 유역의 이집트 문명, 인도 인더스 강 유역의 인더스 문명, 중국 황하黃河 유역의 황하 문명을 **인류의 4대 문명**이라고 합니다.

이집트 문명과 메소포타미아 문명을 합해서 **오리엔트 문명**이라고도 합니다.

따라서 인류의 4대 문명은 모두 아시아 대륙과 관련되어 있습니다.

문명의 발생지에는 많은 사람들이 모여 국가를 이루고 살았습니다. 지금의 이라크 메소포타미아 지역에도 기원전 3000년경에 수메르인들이 국가를 이루어 살고 있었습니다.

'강 사이의 땅' 이라는 뜻을 가지고 있는 메소포타미아 지역은 티그리스 강과 유프라테스 강 사이에 있습니다. 이 지역의 수메르인들은 점토를 구워 벽돌로 사용하였습니다. 따라서 수메르인들은 점토를 다루는 기술이 발달하였습니다. 수메르인들은 쐐기 모양의 문자를 만들어 사용하였는데 자신들의 기록을 점토판 위에 기록하였습니다. 수메르인들이 사용한 문자를 **설형 문자** 또는 **쐐기 문자**라고 합니다.

쐐기 문자란 갈대 등으로 만든 끝이 뾰족한 필기도구로 점토판에 새기듯이 쓴 문자들을 말합니다.

기원전 3000년경에 이집트의 나일강 유역에서도 이집트인들이 살고 있었습니다. 그들은 물건의 모양을 형상화한 상형 문자를 만들어 사용하였습니다. 그리고 이집트인들은 강가에서 쉽게 구할 수 있는 파피루스라는 갈대로 만든 껍질 위에 문자를 사용하여 기록을 남겼습니다.

영어 종이paper의 어원도 바로 파피루스에서 온 것입니다.

기원전 2300년경에 인도의 인더스강 유역에서는 인더스

문자가 사용되고 있었고, 기원전 1500년경 중국의 황하 유
역에서도 상나라_{은나라라고도 함}사람들이 갑골 문자를 사용하
였습니다.

    중국의 황하 유역 허난성 지역에 사는 상나라 사람들은
거북의 등딱지나 소의 어깨뼈 등에 문자를 새겨 기록을 남
겼습니다. 거북의 등이나 뼈에 새겼다 하여 이 문자를 갑

골 문자甲骨文字라고 합니다. 갑골 문자도 상형 문자의 한 종류입니다.

이 외에 남아메리카 지역에서도 다양한 문명이 일어났습니다. 기원전 800년 무렵에 일어난 안데스 문명과 기원전 300년경에 일어난 마야 문명 그리고 15세기의 잉카 문명 등이 있었습니다. 이들 문명은 4대 문명보다 뒤에 일어난 문명들입니다.

2. 수의 기원

인류는 공동체 생활을 하면서 언어와 문자도 필요했지만 셈을 하기 위해서는 숫자도 필요하였습니다.

원시 시대의 사람들은 머리로 수를 기억하거나 손가락이나 나뭇가지 또는 돌멩이 등을 사용하여 숫자를 나타내고 셈을 하였습니다. 이 시대의 사람들은 손가락이나 간단한 도구만 가지고도 나타내고자 하는 수나 셈을 충분히 할 수 있었습니다.

　인류는 계속 발전하였고 사회도 가족 중심의 사회에서 씨족 중심의 사회로, 그리고 부족 중심의 사회로 점점 확대되어 갔습니다.

　특히 부족 사회는 사유 재산이 인정되었던 계급 사회였습니다. 계급 사회에서는 각자가 필요로 하는 물건들이 달라서 물물교환 형식으로 거래가 활발히 이루어졌습니다. 이런 과정에서 숫자의 발전은 필연적이었습니다.

아프리카 콩고에서 발견된 뼈에 눈금이 새겨진 숫자의 기록이 있었는데 이 뼈는 약 8000년 전 것이라고 합니다. 그러나 맨 처음 숫자를 쓰기 시작한 인류는 누구이고 언제 사용하였는지는 아직 알 수 없습니다.

3. 메소포타미아의 수메르인들의 숫자

기원전 3500년경에 지금의 이라크 지역인 유프라테스 강과 티그리스 강 사이에 수메르인Sumerian들이 정착하여 살기 시작합니다.

수메르인들은 이 지역에서 메소포타미아 문명을 일으켰는데 메소포타미아meso-potamia란 양쪽의 강을 뜻하는 말로서 양쪽의 강은 바로 유프라테스 강과 티그리스 강을 말합니다.

그런데 수메르인들은 이 지역에 와서 문명을 일으킨 것이 아니라 이곳으로 이주해 오기 전부터 이미 문자와 옷감을 짜서 옷을 만드는 기술과 건축기술 그리고 많은 제도들을 가지고 있었습니다. 수메르인들은 그들의 앞선 문화를 고스란히 가지고 메소포타미아 지역으로 들어온 것입니다. 따라서 수메르인이 일으킨 문명은 이집트 문명보다 1000여 년이나 앞선 것이라고 합니다.

수메르인들은 '스틸루스'라는 끝이 뾰족한 갈대를 가지고 부드러운 점토판 위에 빗금 모양의 문자를 쓰기 시작하였습니다. 이 문자는 마치 쐐기 모양_{설형楔形}처럼 보여서 쐐기 문자라고 이름 붙였습니다. 그리고 수메르인들이 사용한 쐐기 문자는 인류 문자의 기원이 되었습니다.

수메르인들이 사용하는 문자에는 숫자를 나타내는 문자도 들어 있었습니다.

처음 쓰여진 쐐기 문자의 형태

점토판에 쓰여진 쐐기 문자

수메르인들이 사용한 숫자를 간단하게 만들어 보면 다음과 같습니다.

1	2	3	4	5	6

7	8	9	10	20	100

수메르인들은 60진법을 사용하였습니다. 그 뒤 바빌로니아가 수메르인들을 정복하고 메소포타미아 지역을 다스렸는데, 바빌로니아인들은 초기에는 60진법을 쓰다가 기원전 1500년경에 와서는 10진법을 사용하기 시작하였습니다.

4. 이집트인들이 사용한 숫자

이집트인들은 기원전 8000년경부터 나일강 유역에서 여러 부족의 형태로 농경 생활을 하며 살고 있었습니다. 이집트인들이 하나의 국가로 통일한 시기는 기원전 3100년경입니다.

이집트인들은 숫자를 늘어놓는 방법으로 수를 나타내었

습니다. 1은 세로로 세워진 막대 모양으로, 10은 말굽 모양
으로, 100은 나선 모양으로, 1,000은 연꽃 모양으로, 10,000
은 구부린 집게손가락 모양으로, 100,000은 올챙이 모양으
로 그리고 1,000,000은 놀란 사람 모습을 그려 숫자로 사용
하였습니다.

	1	10	100	1,000	10,000	100,000	1,000,000
이집트 숫자	수직 막대기	말굽 모양	나선	연꽃	손가락	올챙이	놀란 사람

　지금 우리가 쓰고 있는 숫자는 왼쪽에서 오른쪽 방향으로 씁니다. 그런데 이집트인들은 오른쪽에서 왼쪽 방향으로 숫자를 기록하였습니다. 326삼백이십육이라는 수를 쓸 때, 지금 우리들은 백의 자리 숫자 3을 먼저 왼쪽에 쓰고 십의 자리 숫자 2를 다음, 그리고 제일 오른쪽에 일의 자리 숫자 6을 씁니다.

　하지만 이집트인들은 백의 자리 숫자 3을 먼저 오른쪽에 쓰고 십의 자리 숫자 2를 다음, 그리고 제일 왼쪽에 일의 자리 숫자 6을 씁니다.

숫자	아라비아 숫자(왼쪽 → 오른쪽)			이집트 숫자(오른쪽 → 왼쪽)		
	백의 자리	십의 자리	일의 자리	일의 자리	십의 자리	백의 자리
326	3	2	6	ⅠⅠⅠ ⅠⅠⅠ	∩ ∩	9 9 9

5. 인도에서 전해진 아라비아 숫자

　오늘날 우리들이 사용하고 있는 아리비아 숫자는 인도에서 사용된 숫자입니다. 인도에서는 기원전 3~4세기 전부터 10진법의 수를 썼습니다. 인도에서는 서기 400년경부터 0을 포함한 숫자를 사용하여 10진법의 수 체계를 사용하였습니다. 처음에는 0을 점(●)으로 나타냈다고 합니다.

인도의 숫자와 수 체계는 이슬람 세계와 북아프리카와 스페인을 거쳐 유럽에 전파되었습니다. 유럽에 전파된 인도 숫자가 아라비아인들에 의해 전해졌기 대문에 유럽인들은 인도 숫자를 아라비아 숫자라고 불렀습니다. 아라비아 숫자가 유럽에 전파되기 전에 유럽인들은 그리스 숫자와 로마 숫자를 사용하였습니다. 유럽에서는 아라비아 숫자가 전래된 후에도 15세기 활자와 인쇄술이 발달하기 전까지는 로마 숫자를 많이 사용하였다고 합니다.

그리스, 로마 문자라틴 문자의 형성 과정을 보면 그 기원을 이집트 문자에서 찾을 수 있습니다. 이집트 문자는 페니키아 문자에 영향을 주었고, 페니키아 문자는 그리스 문자에 영향을 주었습니다. 그리고 그리스는 기원전 1세기에 로마에 정복당하면서 로마인들에게 전승되어 라틴 문자를 만들어 내는 데 기여합니다. 따라서 지금 우리가 쓰는 알파벳의 기원은 이집트 문자이고, 가장 큰 영향을 받은 것은 페니키아 문자입니다. 그리고 오늘날의 알파벳의 체계를 갖춘 것은 그리스의 알파벳입니다.

    기원전 500년경에는 27자의 그리스 알파벳을 사용했는데, 처음 9개의 문자는 일의 자리로 사용했고 다음 9자는 10단위로, 나머지 9자는 100단위의 수를 나타냈습니다.

    알파벳은 그리스 문자 알파α와 베타β의 합성어인데, 알파α는 페니키아문자 알레프aleph, 소에서 유래된 것이고, 베타β는 베트beth, 집에서 유래한 것입니다.

    그리스인들은 문자와 숫자를 섞어 쓸 경우에는 숫자와 문자를 구별하기 위해 숫자에는 선이나 점을 찍어 사용하였습니다.

    로마인들도 기원전 500년경부터 문자로 숫자를 표기했습니다. 초기의 로마 숫자는 4를 IIII로, 9를 VIIII 등으로 사용했지만 지금 로마인들은 알파벳 대문자 7가지를 이용하여 숫자를 사용합니다.

1=I	5=V	10=X	50=L	100=C	500=D	1000=M

그리스, 로마, 아라비아 숫자를 비교하면 아래와 같습니다.

아라비아 숫자	1	2	3	4	5	6	7	8	9	10	50	100
그리스 숫자	α	β	γ	δ	ϵ	?	ζ	η	θ	ι	ν	ρ
로마 숫자	I	II	III	IV	V	VI	VII	VIII	IX	X	L	C

※ 6은 ς로 추정되지만 해당되는 대문자와 발음법을 찾지 못함.

아라비아 숫자가 유럽에 전파되면서 수학은 급속하게 발전하게 됩니다. 만약 아라비아 숫자가 없이 그리스, 로마 숫자를 사용하여 수학을 하였다면 수는 더디게 발전하였을 것입니다.

지금 우리가 세계의 공통 언어로 사용하고 있는 알파벳의 기원은 메소포타미아와 이집트 문명에서, 아라비아 숫자의 기원은 인더스 문명에서, 문자와 수를 기록하는 종이의 발견은 중국에서 이루어졌습니다. 그러므로 인류의 4대 문명이 현재 우리들의 문화와 문명의 기원이라 할 수 있습니다.

설형 문자와 상형 문자는 다음과 같이 비교할 수 있습니다.

	같은 점	다른 점
상형 문자	• 물체의 모양을 본떠서 만든 그림 문자이다. • 소리나 추상적인 것은 기호를 사용하여 문자로 쓴다. • 글자 자체가 물체를 나타내고 있기 때문에 글자마다 뜻을 가지고 있는 표의 문자表意文字로 발전하였다.	• 대표적인 문자로는 이집트 문자와 중국의 갑골 문자가 있다. • 고대의 상형 문자를 해석할 때는 주로 그림으로 유추한다.
쐐기 문자 설형 문자		• 대표적인 문자로는 수메르 문자가 있다. • 쐐기 문자를 해석할 때는 그림 이외에 발음도 적용한다.

꼭 알아둡시다

1. 설형 문자와 상형 문자

	같은 점	다른 점
상형 문자	• 물체의 모양을 본떠서 만든 그림 문자이다. • 소리나 추상적인 것은 기호를 사용하여 문자로 쓴다. • 글자 자체가 물체를 나타내고 있기 때문에 글자마다 뜻을 가지고 있는 표의 문자表意文字로 발전하였다.	• 대표적인 문자로는 이집트 문자와 중국의 갑골 문자가 있다. • 고대의 상형 문자를 해석할 때는 주로 그림으로 유추한다.
쐐기 문자 설형 문자		• 대표적인 문자로는 수메르 문자가 있다. • 쐐기 문자를 해석할 때는 그림 이외에 발음도 적용한다.

2. 아라비아 숫자와 메소포타미아 및 이집트 숫자

아라비아 숫자 : 왼쪽에서 오른쪽으로 씁니다.

이집트 숫자 : 오른쪽에서 왼쪽으로 씁니다.

숫자	아라비아 숫자(왼쪽 → 오른쪽)			이집트 숫자(오른쪽 → 왼쪽)		
	백의 자리	십의 자리	일의 자리	일의 자리	십의 자리	백의 자리
326	3	2	6	⫾⫾⫾ ⫾⫾⫾	∩ ∩	999

우리가 사용하는 수는

자연수 → 정수 → 유리수 → 실수 → 복소수로

수의 범위가 계속 확장되며 진화해 왔습니다.

수의 진화

2교시 학습 목표

1. 인류 문명의 발달과 함께 수數도 진화했음을 알 수 있습니다.
2. 아라비아 숫자가 수학의 발전에 끼친 영향을 알 수 있습니다.

미리 알면 좋아요

10진법과 60진법

- 10진법 : 10을 기준으로 단위가 바뀝니다. 우리가 사용하고 있는 미터법은 10진법에 기초하고 있습니다.
  미터법의 기본단위는 거리m, 온도K, ℃, 무게kg 등이 있습니다.
  이집트인들은 10진법을 사용하여 셈을 하였습니다.
- 60진법 : 60을 기준으로 단위가 바뀝니다. 우리가 사용하고 있는 시간1시간=60분, 분1분=60초 그리고 각도1°=60′는 60진법에 기초하고 있습니다. 우리나라에서 어른들이 60살이 되면 환갑회갑이라고 하여 큰 잔치를 벌이는데 이것도 60진법을 사용한 것입니다. 메소포타미아 지역에서는 60진법을 사용하여 셈을 하였습니다.

교시

제

1 10진법과 60진법을 비교하여 같은 점과 다른 점을 쓰

시오.

라토스테네스가 만든 소인수분해 1

세상에 막 태어난 아기에게는 엄마와 의사만 있으면 생활하는 데 충분합니다.

아기가 필요로 하는 모든 것은 엄마가 충족시켜줄 것이고, 몸이 불편하면 의사가 해결해 주면 되니까요. 그런데 아기가 성장해 가면서 점차 엄마와 의사만 가지고는 만족할 수 없습니다. 아이가 유치원에 갈 시기부터는 친구도 필요하고 선생님도 필요합니다.

수도 마찬가지입니다. 원시 시대에는 아주 간단한 수만 있어도 불편하지 않았습니다. 그러나 사회가 발전하면서 수는 더욱 복잡해지고 계산하는 방법도 필요하게 되었습니다.

기원전 3000년경부터 메소포타미아 지역에서 사용하던 수메르인들의 수는 사회가 발전하면서 점점 복잡하게 진화되어 왔습니다. 초기에 수는 셈을 하는 용도로 쓰였습니다. 자연히 덧셈과 뺄셈이 필요하게 되었고 뺄셈에서 작은 자연수에서 큰 자연수를 뺄 경우 자연수만으로는 연산이 불가능

했습니다. 사람들은 음의 정수를 나타낼 수 있는 수가 필요해졌습니다. 사회가 발전하면서 자연수는 자연수_{양의 정수}와 음의 정수 그리고 0을 포함하는 정수로 진화하게 됩니다.

그리고 곱셈과 나눗셈이 필요하게 되면서 나누어떨어지지 않는 두 정수를 나타낼 수가 필요해졌습니다. 따라서 사람들은 정수보다 더 큰 범위를 가지는 유리수를 만들어 냈습니다. 이렇게 수는 계속 진화해 왔습니다.

바빌로니아는 수메르인을 정복하고 지금의 이라크 지역인 메소포타미아 지역을 통일하면서 급격하게 발전하게 됩니다. 기원전 1700년 바빌로니아의 함무라비 왕조 때의 기록을 보면 산술적인 수학은 대수와 기하학으로까지 발전했음을 알 수 있습니다. 바빌로니아에서 자릿값을 정하는 기수법은 오늘날과 같은 10진법이 아니라 60진법을 사용하였습니다.

10진법과 60진법을 비교해 보면 다음과 같습니다.

	같은 점	다른 점
10진법	• 셈을 할 때 기준을 어디에 두느냐만 다를 뿐 셈을 한 결과는 같다. • 이집트인들은 10진법을 기준으로, 수메르인들은 60진법을 기준으로 셈을 하였다.	• 10을 기준으로 단위가 바뀐다. 미터법에서 많이 쓰인다. • 미터법의 기본단위는 거리m, 온도K, ℃, 무게kg 등이 있다.
60진법		• 60을 기준으로 단위가 바뀐다. • 수메르에서 사용한 기수법이다. • 시간1분=60초이나 각1°=60′의 측정 등에서 사용한다.

바벨로니아인은 지금 중학교 3학년 과정에 나오는 이차
방정식을 기원전 6세기경부터 사용한 것으로 보아 바빌로
니아의 수학은 상당히 발전했음을 알 수 있습니다. 이집트
나 바빌로니아의 수학은 학문으로서의 수학이 아니라 실제
생활에 필요한 실용적인 수학이었기 때문에 경험에 의해 얻
어졌습니다.

바빌로니아의 수학은 그리스 수학에 많은 영향을 끼치게
됩니다.

기원전 4~5세기경 그리스의 수학자들은 원주율이 유리수_{분수꼴}로는 나타낼 수 없음을 밝혀냈습니다. 그 뒤 그리스의 수학은 기원전 3세기에 아르키메데스와 아폴로니우스에 의해 급속한 발전을 하게 됩니다.

아르키메데스 하면 '유레카' 라고 말한 일화가 유명합니다. 그는 왕의 왕관이 순금인지 아닌지를 알아내던 중 물체의 무게와 부피는 서로 상관이 있다는 것을 발견하였습니다.

결국 왕관이 순금 왕관이 아님도 알아냈습니다. 그는 '유체 속에 담긴 물체는 대체된 유체의 무게와 같은 크기의 부력을 받는다' 는 **부력의 법칙**을 알아냈는데 이것은 **아르키메데스의 원리**라고도 합니다.

그리고 지름과 높이가 같은 원뿔과 구 그리고 원기둥의 부피는 1:2:3이라는 것을 알아냈는데 이것은 아르키메데스의 묘비에 도형의 그림과 함께 새겨져 있습니다.

근대 수학의 발전은 16세기부터입니다.

15세기에 들어온 인도의 아라비아 숫자와 0의 개념이 이때 유럽에 전파되기 시작하면서 활기를 띠며 수학이 발전하게 됩니다. 자릿수를 많이 차지하지 않으면서 각 자리를 정확하게 나타내 주는 아라비아 숫자와 10진법을 사용함으로써 유럽의 수학은 급속도로 발전할 수 있었습니다. 16세기는 3차방정식이 해결되는 시기이기도 합니다.

17세기에 들어와서는 수학이 더욱 왕성하게 발전합니다.

　피타고라스의 무리수 발견, 존 네이피어의 로그의 발견, 데카르트의 좌표평면의 발견을 통한 해석기하학 발견, 피에르 드 페르마의 정수론, 아이작 뉴턴의 이항정리, 무한급수 라이프니츠의 미적분학 등 많은 업적들이 이 시기에 쏟아져 나옵니다.

　18세기에는 우리에게 잘 알려진 오일러 공식과 프랑스 수학자 조제프 루이 라그랑주의 '해석역학'이 유명합니다. 그리고 이 시기에 도량형의 미터법이 제정되기도 하였습니다.

유클리드 기하학은 평편한 공간에서 성립됩니다. 구부러진 공간에 대한 설명이 없습니다. 구부러진 공간에서의 기하학에 대한 설명은 19세기에 들어와 이루어집니다. 따라서 19세기에는 비非유클리드 기하학을 발견한 시기라고 말할 수 있습니다. 기하학의 라자르 카르노, 대수학의 기본 정리를 증명한 가우스, 함수론의 코시, 집합론과 무한 이론의 칸토어는 이 시기에 활동하면서 수학을 발전시켰습니다.

20세기의 수학은 위상수학位相數學, topology에 대한 집중과 18세기부터 시작된 확률을 진전시킨 확률적 수학을 발전시킨 시기입니다.

이렇듯 원시 시대의 아주 간단한 수는 시간이 흐름에 따라 상상을 초월할 정도로 진화되었습니다. 우리가 살고 있는 현대 사회에서 수학 없이는 한 분야도 존재할 수 없을 만큼 수학은 모든 분야에 영향을 미치고 있습니다.

꼭 알아둡시다

수의 진화

우리가 사용하는 수는 자연수 → 정수 → 유리수 → 실수 → 복소수로 수의 범위가 계속 확장되며 진화해 왔습니다.

• **자연수** : 자연수란 일상생활에서 물건을 세거나 순서를 정할 때 쓰는 수로서 인류가 시작하면서부터 사용한 수입니다.

자연수에서는 덧셈과 곱셈만 항상 가능합니다.

예) 1, 2, 3, 4, …

• **정수** : 정수란 자연수와 0 그리고 자연수에 음의 부호−를 붙인 수를 포함한 수입니다.

정수에서는 덧셈, 뺄셈, 곱셈만 항상 가능합니다.

예) …, −3, −2, −1, 0, 1, 2, 3, 4, …

• **유리수** : 유리수란 분수로 나타낼 수 있는 수를 말합니다. 단, 분모가 0이 아니어야 합니다.

유리수 이상의 범위에서는 덧셈, 뺄셈, 곱셈, 나눗셈을 자유롭게 할 수 있습니다.

예) -3.5, $-\dfrac{1}{3}$, 0, 0.01, $1\dfrac{1}{7}$, 125, …

자연수와 정수

3교시 학습 목표

1. 자연수와 정수의 쓰임을 알 수 있습니다.

미리 알면 좋아요

1. 연속된 자연수의 개수가 짝수인 자연수의 합 구하기

처음 수와 마지막 수를 더한 다음 연속된 수의 개수만큼 곱해 줍니다. 그 다음 2로 나누어 주면 연속된 자연수의 합이 됩니다.

(처음 수＋마지막 수)×연속된 수의 개수÷2

$\underline{2+3+4+5+6+7}=(2+7)\times6\div2=9\times6\div2=27$
연속된 수 : 6개

2. 연속된 자연수의 개수가 홀수인 자연수의 합 구하기

마지막 수를 떼어낸 다음 1번처럼 계산합니다. 그 다음 떼어낸 마지막 수를 더해 줍니다. 예를 들어 3부터 9까지의 합은 3부터 8까지를 짝수 개일 경우와 같은 방법으로 계산한 다음 마지막 수인 9를 더해 줍니다.

$\underline{3+4+5+6+7+8}+9=(3+8)\times6\div2+9=11\times6\div2+9=42$
연속된 수 : 6개

문제

① 10−5와 5−10을 비교하여 같은 점과 다른 점을 쓰시오.

1. 자연수 Natural number

수에는 여러 종류가 있습니다. 그 중에서 가장 기초가 되는 수가 자연수입니다. 자연수란 일상생활에서 물건을 세거나 순서를 정할 때 쓰는 수로서 인류가 시작하면서부터 사용된 수입니다. 즉 자연수란 1부터 1씩 더하여 얻어지는 수를 말합니다.

$$1, \ 1+1=2, \ 2+1=3, \ 3+1=4, \ 4+1=5, \cdots$$

이런 방법으로 자연수를 무한히 만들어 낼 수 있습니다. 따라서 자연수는 무한집합이 됩니다. 자연수의 공리 체계는 19세기에 이탈리아의 페아노가 도입하였습니다.

페아노의 공리

자연수의 집합 $\mathbb{N}$의 부분집합을 S라 할 때,

- $1 \in S$
- $a \in S$이면 $a+1 \in S$
- 위 두 조건을 만족시키면 $S = \mathbb{N}$이다.

(1) 홀수와 짝수

자연수를 나누는 방법에 따라 여러 가지로 분류할 수 있습니다. 자연수는 2의 배수냐 아니냐에 따라 짝수와 홀수로

분류할 수 있습니다.

자연수 $\begin{cases} \text{홀수}\ 1, 3, 5, 7, 9, \cdots 2n-1,\ n\text{은 자연수} \\ \text{짝수}\ 2, 4, 6, 8, 10, \cdots 2n,\ n\text{은 자연수} \end{cases}$

따라서 자연수를 2로 나눈 나머지가 1이면 홀수이고, 나머지가 0이면 짝수입니다.

(2) 연속된 자연수의 합 구하기가우스의 계산

① 연속된 자연수의 개수가 짝수인 경우

처음 수와 마지막 수를 더한 다음 연속된 수의 개수만큼 곱해 줍니다. 그 다음 2로 나누어 주면 연속된 자연수의 합이 됩니다.

(처음 수＋마지막 수)× 연속된 수의 개수÷2

$2+3+4+5+6+7 = (2+7) \times 6 \div 2 = 9 \times 6 \div 2 = 27$
연속된 수 : 6개

$3+4+5+6+7+8+9+10 = (3+10) \times 8 \div 2 = 13 \times 8 \div 2 = 52$
연속된 수 : 8개

천재들이 만든 수학퍼즐 · 19

② 연속된 자연수의 개수가 홀수인 경우

마지막 수를 떼어낸 다음 ①번처럼 계산합니다. 그 다음 떼어낸 마지막 수를 더해 줍니다. 예를 들어 3부터 9까지의 합은 연속된 자연수의 개수가 7개입니다. 따라서 먼저 3부터 8까지를 ①번과 같은 방법으로 계산합니다. 그 다음 마지막 수인 9를 더해 줍니다.

$$\underline{3+4+5+6+7+8} = (3+8) \times 6 \div 2 = 11 \times 6 \div 2 = 33$$
연속된 수 : 6개

$$3+4+5+6+7+8+9 = (3+4+5+6+7+8)+9$$
$$= 33+9$$
$$= 42$$

(3) 짝수와 홀수의 규칙

① 두 수와의 규칙

짝수와 짝수의 덧셈은 항상 짝수입니다. 그리고 짝수와 짝수의 곱셈도 항상 짝수가 됩니다.

　　그러나 홀수와 홀수의 합은 항상 짝수이지만, 홀수와 홀
수의 곱은 항상 홀수입니다.

	덧셈	뺄셈 A⟩B	곱셈
짝수A, 짝수B	$A+B=2n$짝수	$A-B=2n$짝수	$A\times B=2n$짝수
홀수A, 홀수B	$A+B=2n$짝수	$A-B=2n$짝수	$A\times B=2n-1$홀수
짝수A, 홀수B	$A+B=2n-1$홀수	$A-B=2n-1$홀수	$A\times B=2n$짝수
홀수A, 짝수B			

② 연속된 홀수의 덧셈규칙

1부터 연속된 홀수를 더하면 홀수 개수의 제곱수가 됩니다.

$$1=1=1^2$$

$$1+3=4=2^2$$

$$1+3+5=9=3^2$$

$$1+3+5+7=16=4^2$$

$$\underbrace{1+3+5+7+\cdots+2n-1}_{n개}=n^2=n\times n$$

1부터 시작이 아닌 연속된 홀수의 합은 다음과 같이 구하면 됩니다. 예를 들어 9부터 19까지의 홀수의 합은 아래와 같습니다.

$1, 3, 5, 7, 9, 11, 13, 15, 17, 19 \Rightarrow$ 연속된 홀수의 개수 : 10개

$1, 3, 5, 7 \Rightarrow$ 연속된 홀수의 개수 : 4개

$\underline{9+11+13+15+17+19=10^2-4^2=100-16=84}$

③ 연속된 짝수의 덧셈규칙

2부터 연속해서 짝수를 더하면 다음과 같습니다.

(짝수의 개수)×(짝수의 개수+1)

$$2=2=1\times2=1\times(1+1)$$

$$2+4=6=2\times3=2\times(2+1)$$

$$2+4+6=12=3\times4=3\times(3+1)$$

$$2+4+6+8=20=4\times5=4\times(4+1)$$

$$\underset{n\text{개}}{\underline{2+4+6+8+\cdots+2n}}=\cdots=n\times(n+1)$$

2부터 시작이 아닌 연속된 짝수의 합도 짝수처럼 구하면 됩니다. 예를 들어 12부터 20까지의 짝수의 합은 아래와 같습니다.

2, 4, 6, 8, 10, 12, 14, 16, 18, 20 ⇒ 연속된 짝수의 개수 : 10개

2, 4, 6, 8, 10 ⇒ 연속된 짝수의 개수 : 5개

$$\underline{12+14+16+18+20}=10(10+1)-5(5+1)=110-30=80$$

2. 정수 Zahl, interger

만약 자연수의 세계에 사는 사람들에게 덧셈과 곱셈의
연산법칙만 있다면 아무런 불편이 없을 것입니다.

> 자연수＋자연수＝자연수
>
> 자연수×자연수＝자연수

그런데 자연수의 체계에서 뺄셈이 필요하다면 문제가 생
깁니다. 물론 큰 수에서 작은 수를 뺀다면 문제가 안 되지만
그렇지 않은 경우에는 자연수만을 가지고는 문제를 해결할
수 없습니다.

문제 ① $4-3=1$

문제 ② $3-4=?$

따라서 문제 ②를 풀기 위해서는 자연수보다 더 범위가 넓은 수로의 확장이 필요합니다. 자연수보다 더 큰 범위를 가지는 수가 바로 정수입니다.

정수란 0을 기준으로 오른쪽에는 +부호를 붙인 양의 정수를, 왼쪽에는 −부호를 붙인 음의 정수를 가진 수 전체를 말합니다. 따라서 정수는 양의 정수_{자연수}와 0 그리고 음의 정수로 나누어집니다.

$3+3$은 0에서 오른쪽으로 3만큼 간 자리의 수를 나타내고, -3은 0에서 왼쪽으로 3만큼 간 자리의 수를 나타냅니다.

−부호를 붙인 음의 정수가 맨 앞에 올 경우에는 −를 부호를 생략하지 않지만 +부호를 붙인 자연수_{양의 정수}가 맨 앞에 올 경우에는 +를 부호를 생략합니다.

$$+3+4=3+4, \quad +5-3=5-3,$$
$$+6\times2=6\times2, \quad +8\div4=8\div4$$

(1) 0의 역사와 쓰임

0은 인도에서 발견된 수입니다. 인도에서는 서기 400년 경부터 0을 포함한 숫자를 사용하여 10진법의 수 체계를 사용했습니다. 처음에는 0을 점(●)으로 나타냈다고 합니다.

0의 발견은 수학사에서 대단한 사건입니다. 하지만 실제로 0이 자릿값을 가지면서 사용된 것은 인도에서는 600년경부터, 유럽에서는 인쇄술이 발달한 15세기부터라고 합니다.

① 0은 '없다' 라는 것을 나타냅니다.

사탕이 3개 있는데 3개를 다 먹었다면 하나도 없는 것입니다.

$$3-3=0$$

② 0은 기준입니다.

온도계에서 0은 영상과 영하의 기온을 구별할 수 있는 기준이 됩니다.

③ 0은 자릿값을 나타냅니다.

2085과 2805 그리고 2850에서 0이 나타내는 값은 각각 백의 자리와 십의 자리 그리고 일의 자리를 나타내는 숫자입니다. 0이 아무런 의미도 없는 수여서 0은 있어도, 없어도 상관없는 수라면 2085＝2805＝2850이 되는 모순이 생깁니다.

그리고 집합에 있어서도 원소 0을 가진 유한집합 {0}과 원소가 하나도 없는 공집합 ϕ이 같은 집합이 되는 모순이 생깁니다. 이 외에도 0을 아무런 존재 가치도 없는 수로 여길 경우에 생기는 모순은 많습니다.

이제 정수의 범위에서 다시 ②번 문제 '3−4＝?'를 풀어보겠습니다. 4−3은 0에서 오른쪽으로 4만큼 간 후 다시 4에서 왼쪽으로 3만큼 간 자리의 수를 나타냅니다. 반대로 3−4는 0에서 오른쪽으로 3만큼 간 후 다시 3에서 왼쪽으로 4만큼 간 자리의 수를 나타냅니다.

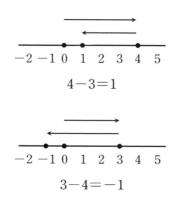

$$4-3=1$$

$$3-4=-1$$

따라서 4−3＝1이 되고, 3−4＝−1이 됩니다.

이제 복잡한 정수의 연산을 해보겠습니다.

- 복잡한 정수의 계산에서 같은 부호를 가진 수끼리 모
  읍니다.
- 같은 부호를 가진 수끼리 계산합니다.
- 절댓값이 큰 수에서 절댓값이 작은 수를 뺍니다.
- 두 수의 차에서 절댓값이 큰 수의 부호를 붙입니다.

$2+4-5+6-7+8-9$

$=2+4+6+8-5-7-9$

교환법칙, 같은 부호의 수끼리 모읍니다.

$=20-21$

절댓값이 큰 수 21에서 절댓값이 작은 20을 뺍니다.

$=-1$

절댓값이 큰 수 21의 부호 (−)를 두 수의 차인 1 앞에 붙여 줍니다.

10-5와 5-10를 비교해 보면 다음과 같습니다.

	같은 점	다른 점
10-5	• 두 수의 절댓값은 서로 같다. • 정수 이상의 범위에서만 두 식의 대소가 비교 가능하다.	• 자연수 이상의 범위에서 연산이 가능하며 그 값은 5이다.
5-10		• 정수 이상의 범위에서 연산이 가능하며 그 값은 −5이다.

0의 쓰임

① 0은 '없다' 라는 것을 나타냅니다.

사탕이 3개 있는데 3개를 다 먹었다면 하나도 없는 것입니다.

$3-3=0$

② 0은 기준입니다.

온도계에서 0은 영상과 영하의 기온을 구별할 수 있는 기준이

됩니다.

③ 0은 자릿값을 나타냅니다.

2085과 2805 그리고 2850에서 0이 나타내는 값은 각각 백의 자

리와 십의 자리 그리고 일의 자리를 나타내는 숫자입니다.

0이 아무런 의미도 없는 수라면, 그래서 0은 있어도 없어도 상

관없는 수라면 2085=2805=2850이 되는 모순이 생기게 됩

니다.

순환소수는 소수점 아래의 어떤 자리부터

숫자의 배열이 일정하게 계속되는 무한소수를 말합니다.

분수로 나타낼 수 있는 수는 유리수이므로

순환소수도 분수로 나타낼 수 있다면 유리수라고 할 수 있습니다.

유리수와 무리수

4교시 학습 목표

1. 유리수의 특징과 쓰임을 알 수 있습니다.
2. 무리수의 특징과 쓰임을 알 수 있습니다.

미리 알면 좋아요

무한소수와 순환소수의 차이점

- 무한소수 : 소수점 아래에 0이 아닌 숫자가 무한개인 소수를 말합니다.

  예) $\dfrac{1}{3}=0.33333\cdots$, $\dfrac{1}{7}=0.142857142857\cdots$, $\pi=3.1415926\cdots$

- 순환소수 : 무한소수들 중에 0.212121과 같이 소수점 아래의 어떤 자리부터 숫자의 배열이 일정하게 계속되는 무한소수를 말합니다. 무한소수 중에서 순환소수는 분수로 나타낼 수 있습니다. 분수로 나타낼 수 있는 수는 유리수이므로 순환소수도 유리수입니다.

  예) $0.33333\cdots=\dfrac{1}{3}$, $0.142857142857\cdots=\dfrac{1}{7}$

  그러나 순환하지 않는 무한소수는 분수로 나타낼 수 없으므로 유리수가 아니고 무리수입니다.

  예) $\pi=3.1415926\cdots$, $\sqrt{2}=1.41421356237\cdots$

4교시

문제

① 유한소수와 무한소수를 비교하여 같은 점과 다른 점을
쓰시오.

자연수에서 뺄셈을 자유롭게 하기 위해 정수로의 수의 확장이 필요하듯 정수에서 나눗셈을 자유롭게 하기 위해서는 유리수로의 수의 확장이 필요합니다. 수직선 위에 정수를 대응시키면 정수들만으로는 수직선에 다 대응시킬 수 없습니다. 정수와 정수 사이에 간격이 생기기 때문입니다.

이 간격 사이를 다시 유리수에 대응시키면 간격은 매우 좁아질 것입니다. 하지만 유리수만으로는 수직선에 다 대응시킬 수가 없습니다. 유리수와 유리수 사이에도 아주 작지만 간격이 존재하기 때문입니다. 이 간격을 채워주는 수가 바로 무리수입니다.

따라서 수직선 위에 빈틈없이 수를 대응시키기 위해서는 유리수뿐만 아니라 무리수도 필요합니다.

1. 유리수 Quotient, rational number

유리수란 분자와 분모가 정수인 분수로 나타낼 수 있는 수를 말합니다. 단 분모는 0이 아니어야 합니다.

$$\frac{a}{b} \quad a, b\text{는 정수}, b \neq 0$$

즉 분수로 나타낼 수 있는 수는 모두 유리수입니다. 유리수는 정수와 정수가 아닌 유리수로 분류됩니다. 정수가 아닌 유리수란 소수나 분수를 말합니다.

유리수 {
　　정수 {
　　　　자연수 { 홀수 / 짝수
　　　　0
　　　　음의 정수
　　정수가 아닌 유리수 { 유한소수 / 순환소수

분수를 소수로 나타낼 때 나누어떨어지는 소수와 나누어떨어지지 않는 소수가 있습니다.

$$\frac{1}{8} = 0.125$$
$$\frac{1}{7} = 0.142857142857\cdots$$

$\frac{1}{8}$ 처럼 나누어떨어지는 소수를 **유한소수**라고 하고, $\frac{1}{7}$ 처

럼 나누어떨어지지 않고 일정한 숫자142857가 계속 반복되는 소수를 **순환소수**라고 합니다.

순환소수는 소수점 아래의 숫자를 끝없이 나타낼 수 없으므로 반복되는 수의 처음과 끝의 수 위에 점을 찍어 순환소수임을 나타냅니다.

즉 $\frac{1}{7}$을 소수로 나타내면 $\frac{1}{7}=0.\dot{1}4285\dot{7}$로 나타낼 수 있습니다. 순환소수에서 같은 숫자들이 반복되는 구간을 **순환마디**라고 합니다.

따라서 $\frac{1}{3}$, $\frac{1}{6}$, $\frac{1}{15}$을 순환소수로 나타내면 아래와 같습니다.

$$\frac{1}{3}=0.333\cdots=0.\dot{3}, \quad \frac{1}{6}=0.1666\cdots=0.1\dot{6},$$
$$\frac{1}{15}=0.060606\cdots=0.\dot{0}\dot{6}$$

분수를 소수로 나타낼 수 있다면 순환소수도 분수로 나타낼 수 있습니다. 왜냐하면 모든 유리수는 분수로 나타낼 수 있어야 하니까요. 즉 자연수도 정수도 소수도 모두 분수로 나타낼 수 있습니다.

자연수 ⇨ 분수 : $1=\dfrac{1}{1}=\dfrac{2}{2}=\cdots=\dfrac{n}{n}=\cdots$ n은 0이 아닌 정수

정수 ⇨ 분수 : $0=\dfrac{0}{1}=\dfrac{0}{2}=\cdots=\dfrac{0}{n}=\cdots$ n은 0이 아닌 정수

$$-2=-\dfrac{2}{1}=-\dfrac{4}{2}=\cdots=-\dfrac{2n}{n}$$ n은 0이 아닌 정수

소수 ⇨ 분수 : $0.3=\dfrac{3}{10}$, $0.15=\dfrac{15}{100}=\dfrac{3}{20}$,

$$-0.6=-\dfrac{6}{10}=-\dfrac{3}{5}$$

순환소수를 분수로 바꾸는 방법은 다음과 같습니다.

순환소수를 x로 놓고 처음 순환마디까지 몫이 되도록 10의 거듭제곱을 곱해준 뒤, 두 식을 연립방정식으로 풀어 x값을 구합니다. 예를 들어 $0.\dot{3}\dot{1}=x$를 계산해 보겠습니다.

$$
\begin{array}{r}
100x=31.313131\cdots \\
-\quad x=\ \ 0.313131\cdots \\
\hline
99x=31 \\
\end{array}
$$

$$\therefore x=\dfrac{31}{99}$$

$0.2\dot{3}\dot{1}=x$를 한 번 더 계산해 보면 아래와 같습니다.

$0.2\dot{3}\dot{1}=x$

$$1000x=231.313131\cdots$$
$$-10x=\ \ \ 2.313131\cdots$$
$$\overline{\ \ 990x=229\ \ \ \ \ \ \ \ \ \ \ \ \ \ }$$
$$\therefore x=\frac{229}{990}$$

위의 계산 방법을 정리하면 아래와 같습니다.

① 소수점 아래의 순환마디에 모든 숫자가 포함되는 경우는 순환마디의 숫자의 개수만큼 분모에 9를 쓰고 분자에는 순환마디의 숫자를 씁니다.

$$0.\dot{a}b\dot{c}=\frac{abc}{999} \quad \text{예) } 0.\dot{3}\dot{1}=\frac{31}{99}$$

② 소수점 아래의 순환마디에 포함되지 않는 숫자가 있는 경우는 다음과 같이 계산합니다.

i) 분모: 순환마디에 포함되지 않는 소수점 아래 숫자의

개수만큼 분모의 뒤에 0을 씁니다.

$$0.a\dot{b}cd\dot{e}=\frac{(\quad)}{99900} \quad 예) 0.21\dot{3}2\dot{5}=\frac{(\quad)}{99900}$$

ii) 분자 : (전체의 수)−(순환하지 않는 수)가 분자가 됩

니다.

$$0.a\dot{b}cd\dot{e}=\frac{abcde-ab}{99900} \quad 예) 0.2\dot{3}\dot{1}=\frac{231-2}{990}=\frac{229}{990}$$

$$a.b\dot{c}d\dot{e}=\frac{abcde-ab}{99900} \quad 예) 1.2\dot{3}2\dot{5}=\frac{12325-12}{9990}=\frac{12313}{9990}$$

③ 순환마디가 9 하나뿐인 순환소수는 모두 정수이거나

유한소수입니다.

예) $0.\dot{9}=\dfrac{9}{9}=1$ **자연수**

$0.1\dot{9}=\dfrac{19-1}{90}=\dfrac{18}{90}=0.2$ **유한소수**

정수의 범위에서는 풀 수 없는 $6\div4=?$를 풀어 보겠습니다.

$6 \div 4$를 분수로 나타내면 $\frac{6}{4} = 1\frac{2}{4} = 1\frac{1}{2}$이고 소수로 나타내면 1.5입니다.

분수를 소수로 나타낼 경우 나누어떨어지는 분수와 그렇지 않은 분수가 있습니다. 분수의 분자를 분모로 나눌 때 나누어떨어지는 소수를 **유한소수**라고 하는데, 기약분수 중에서 분모의 소인수가 2나 5의 곱으로만 이루어진 분수이면 유한소수입니다. 기약분수 중에서 분모의 소인수가 2나 5외의 소수의 곱으로 이루어져 있으면 나누어떨어지지 않는 **순환소수**가 됩니다.

소수의 개념을 처음 발표한 사람은 시몬 스테빈이지만 소수점은 1619년 네이피어에 의해 사용되었습니다.

2. 무리수 Irrational number

소수 중에는 유한소수와 순환소수 말고도 순환하지 않는 무한소수가 있습니다. 무한소수에는 순환하는 무한소수와 순환하지 않는 무한소수가 있습니다.

무한소수 중에서 순환소수는 유리수이고 순환하지 않는 무한소수는 무리수입니다. 무리수의 개념을 확립한 사람은 독일의 데데킨트입니다.

무리수 중에서 대표적인 무리수가 원주율$_\pi$입니다. 원주율이란 원에서 원의 둘레$_{원주}$를 원의 지름으로 나눈 값을 말하는데 π를 써서 나타냅니다. π는 아래와 같이 소수점 아래의 수가 떨어지지도 않고 규칙적으로 반복되지도 않는 무한소수이므로 무리수입니다.

$$\pi = 3.14159265358979323846264338327950288419\cdots$$

기원전 3000년경 이집트에서는 π를 $3\frac{1}{7} ≒ 3.1428$로 계산하여 사용하였고, 메소포타미아 지역의 바빌로니아에서는 $3\frac{1}{8} ≒ 3.125$로 썼습니다. 그리고 중국에서는 $\frac{355}{113} ≒ 3.14159$ 등으로 사용하였으며 초등학교에서는 π를 3.14로 놓고 사용하고 있습니다.

이외에도 무리수에는 루트$\sqrt{}$ 를 이용한 수 등이 있습니다. 한 변의 길이가 1인 정사각형이 있습니다. 이 정사각형의 대각선의 길이는 유리수로 나타낼 수 없습니다. 이 대각선의 길이를 구하기 위해서는 피타고라스의 정리를 이용해야 합니다. 피타고라스는 직각삼각형에서 가장 긴 빗변의 길이의 제곱은 나머지 변들의 제곱의 합과 같음을 증명한 수학자입니다.

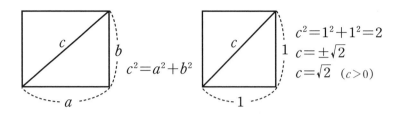

$$\sqrt{2} \fallingdotseq 1.414, \sqrt{3} \fallingdotseq 1.732, \sqrt{5} \fallingdotseq 2.236$$

무리수 $\sqrt{2}$는 무한소수입니다. 순환하지도 않기 때문에 분수 꼴로도 나타낼 수 없습니다. 따라서 수직선 위에 정확한 점을 찾아 대응시키는 것은 어렵습니다.

그러나 아래와 같은 방법으로는 $\sqrt{2}$를 수직선 위에 나타낼 수 있습니다.

같은 방법으로 $\sqrt{3}$, $\sqrt{5}$같은 무리수도 수직선 위에 나타낼 수 있습니다.

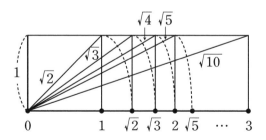

제곱근루트 : $\sqrt{}$ 를 사용한 무리수는 제곱을 하면 모두 정수가 됩니다.

$$(\sqrt{2})^2=2, (\sqrt{3})^2=3, (\sqrt{5})^2=5$$
$$(-\sqrt{2})^2=2, (-\sqrt{3})^2=3, (-\sqrt{5})^2=5$$

하나의 수직선이 완성되기 위해서는 먼저 자연수와 정수를 대응시킵니다.

그다음에 자연수나 정수로는 대응시키지 못한 사이사이를 유리수로 대응시킵니다. 마지막으로 유리수로도 다 대응시키지 못한 빈 곳들을 무리수로 대응시키면 수직선은 하나의 빈틈도 없이 모든 수들로 일대일 대응이 됩니다.

자연수와 정수만으로 대응시킨 수직선

유리수로 대응시킨 수직선

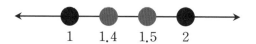

유리수와 무리수로 대응시킨 수직선

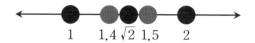

자연수와 정수 그리고 유리수와 무리수를 모두 수직선 위에 대응시키면 수직선은 모두 점으로 빈틈없이 채워집니다. 따라서 선은 점들로 이루어진 집합임을 알 수 있습니다. 앞장의 그림은 유리수와 무리수를 대응시키면 수직선이 채워짐을 보이기 위한 예이고 실제 1.4와 $\sqrt{2}$ 사이에는 더 많은 실수가 존재합니다.

(1) 무리수의 덧셈과 뺄셈

무리수의 덧셈과 뺄셈은 정수에서의 덧셈과 뺄셈처럼 계산하거나 같은 동류항끼리 덧셈, 뺄셈을 하여 계산하면 됩니다.

$$\sqrt{2}-2\sqrt{2}=-\sqrt{2}$$
$$2-\sqrt{2}-2\sqrt{3}-3\sqrt{2}-3-4\sqrt{3}=-1-4\sqrt{2}-6\sqrt{3}$$

(2) 무리수의 곱셈과 나눗셈

무리수의 곱셈은 실수에서의 곱셈처럼 계산하거나 분배

법칙을 이용하여 계산하면 되고 무리수의 나눗셈은 숫자는 숫자끼리 같은 문자는 문자끼리 나누어 계산하면 됩니다. 특히 무리수의 나눗셈에서 분모가 무리수일 경우에는 분모의 유리화를 하여야 합니다.

$$\sqrt{2} \times 2\sqrt{2} = 2 \times (\sqrt{2})^2 = 2 \times 2 = 4$$
$$\sqrt{2}(\sqrt{2} + 2\sqrt{3}) = (\sqrt{2})^2 + \sqrt{2} \times 2\sqrt{3} = 2 + 2\sqrt{6}$$
$$\sqrt{6} \div \sqrt{2} = \sqrt{3}$$
$$6\sqrt{5} \div 2 = 3\sqrt{5}$$

(3) 무리수의 유리화

무리수의 분수식에서 분모가 무리수일 경우는 분모를 유리수화한 후 분수식을 풀어야 합니다. 무리수인 분모를 유리화시키기 위해 분모의 무리수와 같은 무리수를 분모와 분자에 똑같이 곱해 주면 분수의 값은 변함이 없으면서 분모는 유리수가 됩니다.

이렇게 무리수인 분모를 유리수인 분모로 바꾸는 것을 무리수인 분모 유리화라고 하고, 줄여서 **유리화**라고 합니다.

$$6 \div 2\sqrt{3} = \frac{6}{2\sqrt{3}} = \frac{6 \times \sqrt{3}}{2\sqrt{3} \times \sqrt{3}} = \frac{6\sqrt{3}}{2 \times (\sqrt{3})^2} = \frac{6\sqrt{3}}{2 \times 3} = \frac{6\sqrt{3}}{6} = \sqrt{3}$$

유한소수와 무한소수를 비교해 보면 다음과 같습니다.

	같은 점	다른 점
유한소수	• 몫이 정수로 나누어떨어지지 않는다. • 정수의 범위에서는 나타낼 수 없고, 실수의 범위에 속한다. • 무한집합이다.	• 유리수이다. • 모든 유한소수는 분수로 나타낼 수 있다.
무한소수		• 무한소수에서 순환소수만 유리수이고 나머지는 무리수이다. • 무한소수 중에 순환소수만 분수로 나타낼 수 있다.

순환소수와 분수와의 관계

순환소수는 소수점 아래의 어떤 자리부터 숫자의 배열이 일정하게 계속되는 무한소수를 말합니다. 분수로 나타낼 수 있는 수는 유리수이므로 순환소수도 분수로 나타낼 수 있다면 유리수라고 할 수 있습니다. 순환소수를 분수로 바꾸는 방법은 다음과 같습니다.

순환소수를 x로 놓고 처음 순환마디까지가 몫이 되도록 10의 거듭제곱을 곱해 줍니다. 큰 수에서 작은 수를 빼서 x값을 구합니다.

$0.31313131\cdots$이라는 순환소수를 분수로 만들어 보겠습니다.

$x = 0.31313131\cdots$ 라 두면,

$100x = 31.31313131\cdots$ 입니다.

$$
\begin{array}{r}
100x = 31.313131\cdots \\
- \quad x = \ \ 0.313131\cdots \\
\hline
99x = 31 \\
\end{array}
$$

$$\therefore x = \frac{31}{99}$$

따라서 순환소수 $0.313131\cdots = \dfrac{31}{99}$입니다.

실수와 허수 5

5교시 학습 목표

1. 실수와 복소수의 차이를 알 수 있습니다.

미리 알면 좋아요

역원과 항등원

항등원과 역원에 대하여 정리하면 다음과 같습니다.

① 항등원과 역원은 교환법칙이 성립될 때 존재합니다.

② 사칙연산에서 항등원과 역원은 교환법칙이 성립되는 덧셈과 곱셈에서 존재합니다.

③ 유리수, 실수, 복소수에서는 항등원과 역원이 모두 존재하며, 덧셈에 대한 항등원은 0, 곱셈에 대한 항등원은 1입니다.

④ 항등원은 연산마다 한 개씩만 존재하지만 역원은 각각의 수마다 각각 한 개씩 존재합니다.

문제

① 실수와 허수를 비교하여 같은 점과 다른 점을 쓰시오.

1. 실수 Real number

실수란 앞에서 배운 자연수, 정수, 유리수, 무리수를 포함하는 수를 말합니다. 실수에서는 0을 제외한 어떤 수라도 제곱하면 모두 양수가 됩니다. 양수란 0보다 큰 수를 말합니다. 양수의 반대 개념은 음수입니다. 즉 음수는 0보다 작은 수를 말합니다.

양수와 양의 정수는 다릅니다. 0보다 크면 그 수가 자연수든 정수든 유리수든 무리수든 모두 양수라고 합니다. 그러나 양의 정수는 자연수를 달리 부르는 말이므로 1, 2, 3, 4, …인 수를 말합니다.

실수는 제곱을 하면 다음과 같이 모두 양수가 됩니다.

$$2^2 = 4, \ (-2)^2 = 4, \ \left(\frac{2}{3}\right)^2 = \frac{4}{9}, \ \left(-\frac{2}{3}\right)^2 = \frac{4}{9}$$

2. 복소수 Complex Number

정수에서 나눗셈을 자유롭게 하기 위해 유리수로의 수의 확장이 필요했듯이 이차방정식 및 고차방정식에서 해근를 자유롭게 구하기 위해서는 복소수로의 수의 확장이 필요합니다. 즉 제곱을 하면 음수가 되는 수가 있는데 이런 수들은 실수에서는 존재하지 않기 때문에 복소수에서 찾아야 합니다.

복소수는 $a+bi$꼴로 나타냅니다. 여기서 a, b는 실수입니다.

복소수 $a+bi$에서 $a=0$, $b\neq0$일 때, '순허수bi' 라고 합니다. 그리고 $a\neq0$, $b\neq0$일 때 '순허수가 아닌 허수$a+bi$' 라고 부릅니다.

복소수는 실수와 허수 모두를 포함하는 수 체계인데, 복소수에서 실수를 제외한 수를 허수라고 합니다.

복소수 { 실수 { 유리수 { 정수 { 자연수 / 0 / 음의 정수 } / 정수가 아닌 유리수 { 유한소수 / 순환소수 } } / 무리수 $\pi, \sqrt{a}, \cdots$ } / 허수 { 순허수 bi / 순허수가 아닌 허수 $a+bi$ } }

허수는 네 제곱을 해야 양수가 됩니다.

$$(\sqrt{-2})^2 = -2$$

$$(\sqrt{-2})^3 = (\sqrt{-2})^2 \times (\sqrt{-2}) = (-2) \times \sqrt{-2} = -2\sqrt{-2}$$

$$(\sqrt{-2})^4 = (\sqrt{-2})^2 \times (\sqrt{-2})^2 = (-2) \times (-2) = 4$$

무리수에서 $(\sqrt{2})^2 = 2$ 이듯이 허수에서 $(\sqrt{-1})^2$ 은 -1 이 됩니다. 그리고 $\sqrt{-1}$ 을 달리 나타내면 i 로 나타내는데 i 를 **허수단위**라고 합니다.

$$i = \sqrt{-1}$$

$$i^2 = (\sqrt{-1})^2 = -1$$

$$i^3 = i^2 \times i = (-1) \times i = -i$$

$$i^4 = i^2 \times i^2 = (-1) \times (-1) = 1$$

실수에서는 두 실수의 대소 관계를 비교할 수 있지만 허수에서는 두 허수 사이의 대소 관계를 비교할 수 없습니다.

$$1+i \ngtr 1-i,\ 1-i \ngtr 1+i$$

복소수는 실수를 포함하고 있기 때문에 실수의 범위에서 닫혀 있는 연산에 대한 기본 법칙은 복소수의 범위에서도 당연히 닫혀 있습니다. 따라서 복소수의 범위에서도 사칙연산에 대하여 닫혀 있습니다.

또한 교환법칙과 결합법칙 그리고 분배법칙도 성립합니다. 복소수의 집합 $\mathbb{C}$가 연산 $*$와 $\cdot$에 닫혀 있을 때 $\mathbb{C}$의 임의의 원소 a, b, c와 연산 $*$와 $\cdot$에 대하여 아래와 같은 연산법칙이 성립합니다.

> 교환법칙 $a*b=b*a$
> 결합법칙 $(a*b)*c=a*(b*c)$
> 분배법칙 $a*(b \cdot c)=(a*b) \cdot (a*c)$

그리고 항등원과 역원도 존재하는데 덧셈에 대한 항등원은 0이고 곱셈에 대한 항등원은 1입니다.

	덧셈	뺄셈	곱셈	나눗셈	항등원덧셈	역원덧셈	항등원곱셈	역원곱셈
자연수	○	×	○	×	×	×	○	×
정수	○	○	○	×	○	○	○	×
유리수	○	○	○	○	○	○	○	○
실수	○	○	○	○	○	○	○	○
복소수	○	○	○	○	○	○	○	○

(1) 복소수의 덧셈과 뺄셈

복소수의 덧셈과 뺄셈은 실수에서의 덧셈과 뺄셈처럼 같은 동류항끼리 덧셈, 뺄셈을 하여 계산하면 됩니다. 복소수의 덧셈과 뺄셈공식은 아래와 같습니다.

$$(a+bi)+(c+di)=(a+c)+(b+d)i$$
$$(a+bi)-(c+di)=(a-c)+(b-d)i$$
$$2i+3i=5i, \ (2+i)+(1+3i)=3+4i$$
$$2i-3i=-i, \ (2+i)-(1+3i)=1-2i$$

(2) 복소수의 곱셈과 나눗셈

복소수의 곱셈은 실수에서의 곱셈처럼 계산하거나 분배법칙을 이용하여 계산하면 되고, 복소수의 나눗셈은 숫자는 숫자끼리 같은 문자는 문자끼리 나누어 계산하면 됩니다.

특히 복소수의 나눗셈에서 분모가 허수일 경우는 분모의 실수화를 하여야 합니다. 복소수의 곱셈과 나눗셈공식은 아래와 같습니다.

$$(a+bi) \times (c+di) = (ac-bd) + (bc+ad)i$$

$$(a+bi) \div (c+di) = \frac{a+bi}{c+di} = \frac{ac+bd}{c^2+d^2} + \frac{bc-ad}{c^2+d^2}i \ \text{단,}\, c+di \neq 0$$

$$2 \times 3i = 6i, \ 2i(1+3i) = 2i + 6i^2 = -6+2i$$

$$6i \div 2i = 3, \ 6i \div 2 = 3i, \ 6 \div 2i = -3i$$

(3) 복소수의 실수화

복소수의 분수식에서 분모가 허수일 경우는 분모를 실수화한 후 분수식을 풀어야 합니다. 허수인 분모를 실수화 하려면 분모의 허수와 같은 허수를 분모와 분자에 똑같이 곱해 주면 분수의 값은 변함이 없으면서 분모는 실수가 됩니다. 이렇게 허수인 분모를 실수인 분모로 바꾸는 것을 **실수화**라고 합니다.

$$6 \div 2i = \frac{6}{2i} = \frac{6 \times i}{2i \times i} = \frac{6i}{2i^2} = \frac{6i}{2 \times (-1)} = \frac{6i}{-2} = -3i$$

$$\frac{1+2i}{2+3i} = \frac{(1+2i)(2-3i)}{(2+3i)(2-3i)} = \frac{2+i+6}{4+9} = \frac{8+i}{13} = \frac{8}{13} + \frac{1}{13}i$$

(4) 복소수의 항등원

항등원이란 수의 집합 $\mathbb{C}$ 가 연산 $*$ 에 닫혀 있을 때, $\mathbb{C}$ 의 임의의 원소 a 에 대하여 $a*e = e*a = a$ 를 만족하는 e 를 연산 $*$ 에 대한 항등원이라고 합니다.

항등원이 존재하려면 위의 연산처럼 항등원에 대하여 교환법칙이 성립되어야 합니다. 복소수에서도 덧셈에 대한 항등원은 0이고, 곱셈에 대한 항등원은 1입니다.

덧셈에 대한 항등원 : $a+e=e+a=a$를 만족시키는

임의의 수 e는 0

곱셈에 대한 항등원 : $a \times e = e \times a = a$를 만족시키는

임의의 수 e는 1

$3i+0=0+3i=3i$ 항등원 : 0

$3i \times 1 = 1 \times 3i = 3i$ 항등원 : 1

(5) 복소수의 역원

역원이란 수의 집합 $\mathbb{C}$가 연산 $*$ 에 닫혀 있고 e가 $\mathbb{C}$의 항등원일 때, $\mathbb{C}$의 임의의 원소 $a_{a \neq 0}$에 대하여 $a*z=z*a=e$ 를 만족시키는 z를 연산 $*$ 에 대한 a의 역원이라고 합니다.

역원이 존재하려면 위의 연산에서와 같이 역원에 대하여 교환법칙이 성립해야 합니다. 복소수의 범위에서 덧셈에 대한 역원은 $-a$이고, 곱셈에 대한 역원은 a의 역수인 $\dfrac{1}{a}_{a \neq 0}$ 입니다.

덧셈에 대한 역원 : $a+z=z+a=0$ 를 만족시키는 수

$$z 는 -a$$

곱셈에 대한 역원 : $a \times z=z \times a=1$ 를 만족시키는 수

$$z 는 \frac{1}{a}$$

$3i+(-3i)=(-3i)+3i=0$ 역원 : $-3i$

$3i \times \dfrac{1}{3i}=\dfrac{1}{3i} \times 3i=1$ 역원 : $\dfrac{1}{3i}$

실수와 허수를 비교해 보면 다음과 같습니다.

	같은 점	다른 점
실수	• 사칙 연산에 대하여 닫혀 있다. • 모든 수에서 항등원이 존재한다. • 0을 제외한 모든 수는 역원이 존재한다.	• 0을 제외한 실수를 제곱하면 양수가 된다. • 두 수 사이의 크기의 비교를 할 수 있다.
허수		• 제곱을 하면 음수가 된다. • 두 수 사이의 크기의 비교를 할 수 없다.

꼭
알아둡시다

항등원과 역원

	덧셈	뺄셈	곱셈	나눗셈	항등원덧셈	역원덧셈	항등원곱셈	역원곱셈
자연수	○	×	○	×	×	×	○	×
정수	○	○	○	×	○	○	○	×
유리수	○	○	○	○	○	○	○	○
실수	○	○	○	○	○	○	○	○
복소수	○	○	○	○	○	○	○	○

약수와 인수

6^{교시}

6교시 학습 목표

1. 약수와 인수의 쓰임을 알 수 있습니다.
2. 소수와 합성수의 차이에 대하여 알 수 있습니다.

미리 알면 좋아요

자연수에서 배수를 쉽게 찾는 방법

- 2의 배수 : 일의 자리가 0 또는 짝수이면 2의 배수입니다.
- 3의 배수 : 각 자리의 수의 합이 3의 배수인 수는 3의 배수입니다.
- 4의 배수 : 끝의 두 자리 수가 4의 배수면 그 수는 4의 배수입니다.
- 5의 배수 : 일의 자리가 0 또는 5이면 5의 배수입니다.
- 6의 배수 : 3의 배수 중에서 짝수인 수는 6의 배수입니다.
- 8의 배수 : 끝의 세 자리 수가 8의 배수면 그 수는 8의 배수입니다.
- 9의 배수 : 각 자리의 수의 합이 9의 배수인 수는 9의 배수입니다.
- 연속한 2개의 자연수의 곱은 2의 배수입니다.
- 연속한 3개의 자연수의 곱은 2와 3 그리고 6의 배수입니다.

문제

① 정수에서의 약수와 자연수에서의 약수의 같은 점과 다른 점을 쓰시오.

1. 약수divisor

정수의 약수 즉 세 정수 a, b, q 사이에 아래의 식과 같은 관계가 성립할 때, a를 b의 배수, b를 a의 약수라고 합니다.

$$a = bq \quad \text{단, } b \neq 0$$

여기서 a, b, q를 정수라고 정의했지만 현재의 초, 중, 고등학교의 교과 과정에서는 자연수의 약수와 배수만 다루고 있습니다.

자연수에서 어떤 수를 1배, 2배, 3배, … 한 수를 그 수의 **배수**라고 한다면, 어떤 수를 나누어떨어지게 하는 수를 어떤 수의 **약수**라고 합니다. 어떤 수의 배수는 그 수 자신의 배수가 되는 것처럼 어떤 수의 약수도 그 수 자신을 약수로 가집니다. 곱셈식을 이루고 있는 수는 곱셈 값의 약수가 됩니다. 반대로 약수들의 곱셈 값에 해당하는 수는 배수가 됩니다.

$$15 \div 1 = 15$$

$$15 \div 3 = 5$$

$$15 \div 5 = 3$$

$$15 \div 15 = 1$$

$$15 = \underset{\text{1, 3, 5의 배수}}{\underline{1}} \times \underset{\text{15의 약수}}{\underline{3} \times \underline{5}}$$

앞의 연산에서 보듯이 1, 3, 5는 15의 약수가 됩니다. 어떤 수의 약수는 그 수 자신을 약수로 가지기 때문에 15도 15의 약수가 됩니다. 따라서 1, 3, 5, 15가 15의 약수가 됩니다.

15의 약수를 모눈종이로도 구할 수 있는데, 그림을 통해 나타내면 다음과 같습니다.

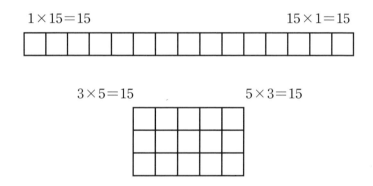

자연수에서 약수를 정리하면 다음과 같습니다.

① 1은 모든 자연수의 약수가 됩니다.

② 모든 자연수는 그 수 자신을 약수로 가집니다.

③ 자연수 중에서 약수를 1개만 가지는 자연수는 1뿐입니다.

④ 자연수 중에서 약수를 2개만 가지는 자연수는 소수들뿐입니다.

⑤ 약수를 3개 이상 가지는 자연수를 **합성수**라고 합니다.

⑥ 1을 제외한 자연수 중에서 약수를 3개만 가지는 수는 소수의 제곱수뿐입니다.

⑦ 1과 소수를 제외한 모든 자연수는 약수를 3개 이상 가지고 있습니다.

⑧ 1과 소수 그리고 제곱수를 제외한 모든 자연수는 약수를 4개 이상 가지고 있습니다.

$$A = BQ_{B \neq 0}$$

다항식 A, B에 대하여 위의 식과 같은 관계가 성립할 때, A를 B의 배수, B를 A의 약수라고 합니다.

2. 하세 다이어그램 Hasse Diagram

　약수를 찾는 방법에는 하세 다이어그램을 이용한 방법도 있습니다.

　약수와 배수의 관계가 있는 수를 하나의 선으로 연결하여 주어진 수의 약수를 찾는 그림을 하세Helmut Hasse 다이어그램이라고 합니다.

　여기에서 하세Helmut Hasse.는 독일의 수학자로 1950년 함부르크대학 교수가 되었습니다. 뇌터를 중심으로 하는 독일의 학파에서 대수학代數學의 연구의 중심적 역할을 하였습니다.

　하세 다이어그램을 이용하는 방법은 아래와 같습니다.

(1) 소인수가 1개인 경우
소인수가 한 개이면 직선을 이용합니다.

예) $16 = 2 \times 2 \times 2 \times 2 = 2^4$

$$① \xrightarrow{\times 2} ② \xrightarrow{\times 2} ④ \xrightarrow{\times 2} ⑧ \xrightarrow{\times 2} ⑯$$

➡ 가로선은 앞의 수에 2를 2의 지수만큼 4회 곱해줍니다.

① : 처음에는 모든 자연수의 약수인 1로 시작합니다.

② : 앞의 수 ①에 2를 곱해줍니다.

    ➡ ①×2＝②

④ : 앞의 수 ②에 2를 곱해줍니다.

    ➡ ②×2＝④

⑧ : 앞의 수 ④에 2를 곱해줍니다.

    ➡ ④×2＝⑧

⑯ : 앞의 수 ⑧에 2를 곱해줍니다.

    ➡ ⑧×2＝⑯

(2) 소인수가 2개인 경우

소인수가 두 개이면 평면도형을 이용합니다.

예) $20＝2 \times 2 \times 5＝2^{2} \times 5$

→ 가로선은 앞의 수에 2를 곱해줍니다.

↓ 세로선은 위의 수에 5를 5의 지수만
큼 1회 곱해줍니다.

① : 처음에는 모든 자연수의 약수인 1로 시작합니다.

② : 앞의 수 ①에 2를 곱해줍니다.

　　　➜ ① × 2 = ②

④ : 앞의 수 ②에 2를 곱해줍니다.

　　　➜ ② × 2 = ④

⑤ : 위의 수 ①에 5를 곱해줍니다.

　　　➜ ① × 5 = ⑤

⑩ : 위의 수 ②에 5를 곱해주거나 또는 앞의 수 ⑤에 2를
곱해줍니다.

　　　➜ ② × 5 = ⑩ 또는 ⑤ × 2 = ⑩

⑳ : 위의 수 ④에 5를 곱해주거나 또는 앞의 수 ⑩에 2를
곱해줍니다.

　　　➜ ④ × 5 = ⑳ 또는 ⑩ × 2 = ⑳

(3) 소인수가 3개인 경우

소인수가 세 개이면 입체도형을 이용합니다.

예) $30 = 2 \times 3 \times 5$

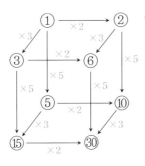

→ 가로선은 앞의 수에 2를 곱해줍니다.

↓ 세로선은 위의 수에 5를 곱해줍니다.

↙ 대각선은 대각선 위의 수에 3를 곱해줍니다.

① : 처음에는 모든 자연수의 약수인 1로 시작합니다.

② : 앞의 수 ①에 2를 곱해줍니다.

　　→ ①×2＝②

③ : 대각선 위의 수 ①에 3를 곱해줍니다.

　　→ ①×3＝③

⑥ : 앞의 수 ③에 2를 곱해주거나 대각선 위의 수 ②에 3을 곱해줍니다.

➜ ③×2＝⑥ 또는 ②×3＝⑥

⑤ : 위의 수 ①에 5를 곱해줍니다.

➜ ①×5＝⑤

⑩ : 위의 수 ②에 5를 곱해주거나 또는 앞의 수 ⑤에 2를
곱해줍니다.

➜ ②×5＝⑩ 또는 ⑤×2＝⑩

⑮ : 위의 수 ③에 5를 곱해주거나 대각선 위의 수 ⑤에 3
를 곱해줍니다.

➜ ③×5＝⑮ 또는 ⑤×3＝⑮

㉚ : 위의 수 ⑥에 5를 곱해주거나 대각선 위의 수 ⑩에 3
를 곱해줍니다. 또는 앞의 수 ⑮에 2를 곱해줍니다.

➜ ⑥×5＝㉚ 또는 ⑩×3＝㉚ 또는 ⑮×2＝㉚

3. 인수 factor

약수가 어떤 수를 나누어떨어지게 하는 수라고 하였습니
다. 인수도 같은 의미를 가지고 있습니다. 그래도 구분한다

면 약수는 나눗셈의 개념에서 쓰는 용어입니다. 약수는 나누어떨어진다라는 의미를 갖고 있습니다. 반면에 인수는 곱셈의 개념에서 쓰이는 말입니다.

따라서 인수는 인수에 어떤 수를 곱하면 그 수가 된다는 의미를 가지고 있습니다.

$6 \div 2 = 3$, 2와 3은 6의 약수 6은 2나 3으로 나누어떨어집니다.

$2 \times 3 = 6$, 2와 3은 6의 인수 2에 3을 곱하면 6이 됩니다.

하지만 꼭 구분해서 쓰는 말은 아니고 쓰이는 단원에 따라 약수 또는 인수라고도 불립니다.

약수가 자연수나 정수의 수 체계 범위에서 많이 쓰인다면, 인수는 문자와 숫자의 곱으로 이루어진 다항식에서 방정식과 관련된 단원에서 자주 쓰는 용어입니다. 미지수를 포함하는 다항식은 복소수까지 확장되므로 미지수의 쓰임은 약수의 쓰임보다 더 넓은 범위에서 쓰인다고 할 수 있습니다.

$$24 = 1 \times 24 \qquad\qquad 2x^2 = 1 \times 2x^2$$
$$= 2 \times 12 \qquad\qquad\quad = 2 \times x^2$$
$$= 3 \times 8 \qquad\qquad\quad = x \times 2x$$
$$= 4 \times 6 \qquad\qquad\quad = 2x \times x$$

24의 약수$_{인수}$: 1, 2, 3, 4, 6, 8, 12, 24

$2x^2$의 인수 : x, x^2

앞의 $2x^2$에서 상수를 포함한 인수 1, 2, $2x$, $2x^2$은 인수로 다루지 않습니다. 다항식에서는 숫자를 제외한 미지수만을 인수로 다루고 있습니다.

만약 숫자를 인수에 포함시키면 아래와 같이 인수는 무한히 많아지게 됩니다.

$$2x^2 = 1 \times 2x^2 \qquad\qquad 2x^2 = 2 \times x^2$$
$$= 2 \times 1x^2 \qquad\qquad = 2x \times x$$
$$= 3 \times \frac{2}{3}x^2 \qquad\qquad = 2x^2 \times 1$$
$$= 4 \times \frac{1}{2}x^2 \qquad\qquad = 2x^3 \times \frac{1}{x}$$
$$\vdots \qquad\qquad\qquad\qquad \vdots$$

정수와 자연수에서의 약수를 비교해 보면 다음과 같습니다.

	같은 점	다른 점
정수	• 덧셈과 곱셈에 대하여 닫혀 있다. • 나눗셈에 대하여 닫혀 있지 않다. • 곱셈에 대한 항등원은 1이다.	• 뺄셈에 대하여 닫혀 있다. • 정수에서 0을 제외한 절댓값이 같은 정수는 항상 두 개이다.
자연수		• 자연수에서 절댓값은 오직 한 개이며 절댓값과 자연수의 값이 항상 일치한다.

알아둡시다

약수와 인수

정수의 약수 즉 세 정수 a, b, q 사이에 아래의 식과 같은 관계가 성립할때, a를 b의 배수, b를 a의 약수라고 합니다.

$$a = bq \quad \text{단, } b \neq 0$$

자연수에서 어떤 수를 1배, 2배, 3배, … 한 수를 그 수의 배수라고 하고, 어떤 수를 나누어떨어지게 하는 수를 어떤 수의 약수라고 합니다.

어떤 수의 배수는 그 수 자신의 배수가 되는 것처럼 어떤 수의 약수도 그 수 자신을 약수로 가집니다. 약수는 나누어떨어진다는 의미를 갖고 있습니다. 따라서 나눗셈의 개념에서 쓰는 용어입니다. 반면에 인수는 곱셈의 개념에서 쓰이는 말입니다. 하지만 꼭 구분해서 쓰는 말은 아니고 쓰이는 단원에 따라 약수 또는 인수라고도 불립니다.

7교시 학습 목표

1. 공약수와 공배수에 대하여 정확하게 이해할 수 있습니다.
2. 최대공약수와 최소공배수의 관계를 알 수 있습니다.

미리 알면 좋아요

유클리드 호제법 자연수나 다항식에서 수나 식이 너무 크고 복잡해서 최대공약수를 구하기가 어려울 때, 유클리드 호제법을 이용하면 쉽게 최대공약수를 구할 수 있습니다.

$A = B \times Q + R$ Q는 몫, R은 나머지의 관계가 성립할 때, A와 B의 최대공약수는 B와 R의 최대공약수와 같음을 이용하여 나머지가 0이 나올 때까지 반복해서 나누어 주면 마지막으로 나눈 수가 두 수의 최대공약수가 됩니다.

5805와 774의 최대공약수를 구하면 다음과 같습니다.

$$
\begin{array}{r|r|r|l}
7 & 5805 & 774 & 2 \\
 & 5418 & 774 & \\
5805 = 774 \times 7 + 387 & 387 & 0 & 774 = 387 \times 2 + 0
\end{array}
$$

따라서 5805와 774의 최대공약수는 387입니다.

문제

1 자연수에서 공약수와 교집합을 비교하여 같은 점과 다른 점을 쓰시오.

1. 공약수

주어진 두 수 이상의 수의 약수를 각각 구하였을 때, 주어진 수에 공통으로 들어있는 약수를 주어진 수의 **공약수**라고 합니다.

다항식에서 두 개 이상의 다항식의 공통인 약수를 이들 **다항식의 공약수**라고 합니다.

$$24 = 1 \times 24 \qquad\qquad 18 = 1 \times 18$$
$$= 2 \times 12 \qquad\qquad = 2 \times 9$$
$$= 3 \times 8 \qquad\qquad = 3 \times 6$$
$$= 4 \times 6$$

24의 약수 : 1, 2, 3, 4, 6, 8, 12, 24

18의 약수 : 1, 2, 3, 6, 9, 18

24와 18의 공약수 : 1, 2, 3, 6

$$A = 2x^2 + 6x + 4 \qquad B = 3x^2 + 12x + 9$$

$$= 2(x^2 + 3x + 2) \qquad = 3(x^2 + 4x + 3)$$

$$= 2(x+1)(x+2) \qquad = 3(x+1)(x+3)$$

A의 약수 : $(x+1)$, $(x+2)$, $(x+1)(x+2)$

B의 약수 : $(x+1)$, $(x+3)$, $(x+1)(x+3)$

A와 B의 공약수 : $(x+1)$

2. 공배수

주어진 두 수 이상의 수의 배수를 각각 구하였을 때, 주어진 수에 공통으로 들어있는 배수를 주어진 모든 수의 **공배수**라고 합니다. 다항식에서 두 개 이상의 다항식의 공통인 배수를 이들 **다항식의 공배수**라고 합니다. 주어진 두 수의 공배수는 주어진 두 수의 최소공배수의 배수와 같습니다.

24의 배수 : 24, 48, 72, 96, 120, 144, 168, ⋯

18의 배수 : 18, 36, 54, 72, 90, 108, 126, 144, …

24와 18의 공배수 : 72, 144, …

(1) 서로소

두 수 사이의 공약수가 1뿐일 때, 그 두 수를 **서로소**라고 합니다. 또한 두 개 이상의 다항식에서 상수 이외의 공약수를 가지지 않을 때, 두 다항식은 서로소라고 합니다.

아래의 두 수 12와 35는 1만을 공약수로 가지고 있고, 다항식 A와 B는 상수 이외에는 공약수를 가지고 있지 않기 때문에 서로소입니다.

12의 약수 : 1, 2, 3, 4, 6, 12

35의 약수 : 1, 5, 7, 35

$$A = 2x^2 + 6x + 4 \qquad B = 2x^2 + 14x + 24$$
$$ = 2(x^2 + 3x + 2) \qquad = 2(x^2 + 7x + 12)$$
$$ = 2(x+1)(x+2) \qquad = 2(x+3)(x+4)$$

천재들이 만든 수학퍼즐 • 19

자연수 a, b에 대하여 a와 b가 서로소이면 $a>b$

a와 $a+b$는 서로소입니다.

a와 $a-b$는 서로소입니다.

$a \times b$와 $a+b$는 서로소입니다.

예를 들어 9와 5는 서로소입니다.

9와 $9+5$는 서로소입니다.

9와 $9-5$는 서로소입니다.

$9 \times 5 = 45$와 $9+5 = 14$는 서로소입니다.

(2) 최대공약수

주어진 두 수의 공약수들 중에서 가장 큰 수를 두 수의 최대공약수라고 합니다.

다항식의 공약수 중에서 차수가 가장 높은 것을 최대공약수라고 합니다. 주어진 두 수의 최대공약수는 주어진 두 수의 약수가 됩니다.

24의 약수 : 1, 2, 3, 4, 6, 8, 12, 24

18의 약수 : 1, 2, 3, 6, 9, 18

24와 18의 공약수 : 1, 2, 3, 6

최대공약수인 6의 약수 : 1, 2, 3, 6

$A = 2(x+1)(x+2),\ B = 3(x+1)(x+3)$

A의 약수 : $(x+1),\ (x+2),\ (x+1)(x+2)$

B의 약수 : $(x+1),\ (x+3),\ (x+1)(x+3)$

A와 B의 최대공약수 : $(x+1)$

(3) 유클리드 호제법

정수나 다항식에서 최대공약수를 구할 때, 그 수나 식이 너무 크고 복잡하면 최대공약수를 구하기가 쉽지 않습니다.

이와 같이 최대공약수를 구하기가 어려울 때, 유클리드 호제법을 사용하면 쉽게 최대공약수를 구할 수 있습니다.

수가 작을 때는 최대공약수를 구하는 게 어렵지 않는데 수가 커지니까 너무 힘들어.

그럴때는 유클리드 호제법을 사용하면 쉽게 최대공약수를 구할 수 있어.

유클리드 호제법

$A = B \times Q + R$의 관계가 성립할 때, A와 B의 최대공약수는 B와 R의 최대공약수와 같음을 이용하여 나머지가 0이 나올 때까지 반복해서 나누어 주면 마지막 제수가 두 수의 최대공약수가 된다고!

유클리드 호제법이란 $A=B \times Q+R$(Q는 몫, R은 나머지)의 관계가 성립할 때, A와 B의 최대공약수는 B와 R의 최대공약수와 같음을 이용하여 나머지가 0이 나올 때까지 반복해서 나누어 주면 마지막 제수가 두 수의 최대공약수가 되는 성질을 이용하는 방법입니다.

5805와 774의 최대공약수를 구하면 다음과 같습니다.

$$5805 \div 774 = 7 \ \cdots \ 387 \qquad 5805 = 774 \times 7 + 387$$

$$774 \div 387 = 2 \ \cdots \ 0 \qquad 774 = 387 \times 2 + 0$$

따라서 5805와 774의 최대공약수는 387입니다.

$x^4-2x^3-7x^2+8x+12$과 x^3-2x^2-5x+6의 최대공약수는 다음과 같습니다.

$$
\begin{array}{r|l|l}
x & x^4-2x^3-7x^2+8x+12 & x^3-2x^2-5x+6 \quad -\dfrac{1}{2}x \\
 & \underline{x^4-2x^3-5x^2+6x} & \underline{x^3-\ x^2-6x} \\
2 & \qquad -2x^2+2x+12 & \quad -\ x^2+\ x+6 \\
 & \underline{\ -2x^2+2x+12} & \\
 & \qquad\qquad\qquad 0 & \\
\end{array}
$$

따라서 두 다항식의 최대공약수는 $-x^2+x+6$입니다.

(4) 최소공배수

주어진 두 수의 공배수들 중에서 가장 작은 수를 두 수의 **최소공배수**라고 합니다. 다항식의 공배수 중에서 차수가 가장 낮은 것을 최소공배수라고 합니다. 주어진 두 수의 최소공배수는 주어진 두 수의 배수가 됩니다.

24의 배수 : 24, 48, 72, 96, 120, 144, 168, ⋯

18의 배수 : 18, 36, 54, 72, 90, 108, 126, 144, ⋯

24와 18의 공배수 : 72, 144, 216, ⋯

최소공배수인 72의 배수 : 72, 144, 216, ⋯

$A=2(x+1)(x+2)$, $B=3(x+1)(x+3)$

A의 약수 : $(x+1)$, $(x+2)$, $(x+1)(x+2)$

B의 약수 : $(x+1)$, $(x+3)$, $(x+1)(x+3)$

A와 B의 최소공배수 : $6(x+1)(x+2)(x+3)$

(5) 최대공약수와 최소공배수 사이의 관계

두 자연수 A, B의 최대공약수가 G, 최소공배수가 L일 때, 다음과 같습니다.

$A = a \times G$

$B = b \times G$

$L = a \times b \times G$ 단, a, b는 서로소

$A \times B = a \times G \times b \times G = a \times b \times G \times G = L \times G$

24와 18의 최대공약수는 6입니다.

24와 18의 최소공배수는 72입니다.

$24 = 4 \times 6$

$18 = 3 \times 6$

$72 = 4 \times 3 \times 6$

$24 \times 18 = 4 \times 6 \times 3 \times 6 = 72 \times 6$

자연수에서 공약수와 교집합을 비교하면 다음과 같습니다.

	같은 점	다른 점
공약수	• 두 수 이상의 공통된 약수는 공약수나 교집합의 원소가 된다.	• 나누어떨어지는 수나 문자 또는 항들을 약수로 삼는다.
교집합	• 두 수의 최대공약수의 약수는 공약수나 교집합의 원소와 같다.	• 공약수뿐만 아니라 공배수도 교집합이 된다. • 공약수뿐만 아니라 공통의 원소들도 교집합을 만들 수 있다.

알아둡시다

서로소

두 수 사이의 공약수가 1뿐일 때, 그 두 수를 서로소라고 합니다.
서로소는 공약수가 1뿐이니까 최대공약수도 1밖에 없습니다. 두
개 이상의 다항식에서 일차식 이상의 공약수를 가지지 않을 때, 두
다항식은 서로소라고 합니다. 집합에서의 두 집합 사이의 교집합이
공집합일 때, 두 집합을 서로소라고 합니다.

소수와 소인수

8 교시

8교시 학습 목표

1. 소수 개념을 알 수 있습니다.
2. 소인수의 개념을 알 수 있습니다.

미리 알면 좋아요

에라토스테네스의 체

그리스의 수학자인 에라토스테네스Eratosthenes는 1과 자신만을 약수로 갖는 소수를 찾는 방법을 표로 만들어 냈습니다.
1부터 100까지 소수를 찾는 법은 아래와 같습니다.

① 먼저 1부터 100까지 들어가는 숫자판을 만듭니다.
② 1은 소수도 아니고 합성수도 아니기 때문에 지웁니다.
③ 2를 남기고 2의 배수를 모두 지웁니다.
④ 3을 남기고 남은 수들 중에 3의 배수를 모두 지웁니다.
⑤ 같은 방법으로 다음 소수인 5를 남기고 5의 배수를 지웁니다.
⑥ 7을 남기고 7의 배수를 지웁니다.

그 결과 숫자판에는 소수들만 남게 되는데 이것을 에라토스테네스의 체라 합니다.

1 에라토스테네스 체의 소수와 메르센 소수의 같은 점과
다른 점을 쓰시오.

1. 소수素數

자연수를 약수의 개수에 따라 소수와 합성수로 분류할 수 있습니다. 소수素數는 1과 자신만을 약수로 가지면서 약수의 개수가 2개뿐인 자연수를 말합니다.

따라서 1은 1과 자신만을 약수로 가지지만 약수가 1개뿐이어서 소수가 아닙니다. 여기서 말하는 소수는 0.5와 같은 소수小數가 아닙니다.

• 소수 중에서 짝수인 소수는 2 하나뿐입니다.

• 소수의 제곱수는 3개의 약수를 가집니다.

• 3개의 약수는 1과 소수 그리고 자신의 수입니다.

$2^2=4$ 4의 약수 : 1, 2, 4

$3^2=9$ 9의 약수 : 1, 3, 9

$5^2=25$ 25의 약수 : 1, 5, 25

$7^2=49$ 49의 약수 : 1, 7, 49

$$\vdots$$

합성수란 1과 소수를 제외한 모든 자연수이며 3개 이상의 약수를 가집니다. 합성수 중에 소수의 제곱수를 제외한 합성수는 4개 이상의 약수를 가집니다.

$$자연수 \begin{cases} 소수 : 2, 3, 5, 7, 11, \cdots \\ 1 \\ 합성수 : 4, 6, 8, 9, 10, \cdots \end{cases}$$

소수와 합성수는 약수와 배수 그리고 소인수분해에서 중요하게 쓰입니다.

(1) 에라토스테네스의 체Sieve of Eratosthenes

고대 그리스의 에라토스테네스B.C.275?~B.C.194?는 1과 자신만을 약수로 갖는 소수를 찾는 방법을 표로 만들어 냈습니다.

> 먼저 1부터 걸러내고 2를 남기고 2의 배수를 걸러내고
>
> 다음엔 3의 배수
>
> 그 다음은 5의 배수 ……
>
> 이렇게 하면 1부터 100까지 수 중 25개의 소수가 남지.

2, 3, 5, 7, 11, 13, 17, 19, 23, 29, 31, 37, 41, 43, 47, 53, 59, 61, 67, 71, 73, 79, 83, 89, 97

에라토스테네스의 체로 1부터 100까지 소수를 찾는 법은 아래와 같습니다.

① 먼저 1부터 100까지 들어가는 숫자판을 만듭니다.

② 1은 소수도 아니고 합성수도 아니기 때문에 지웁니다.

③ 다음 2부터 소수를 제외한 배수들을 하나씩 지워나가겠습니다.

④ 먼저 2를 남기고 2의 배수를 모두 지웁니다.(/)

⑤ 다음 3을 남기고 남은 수들 중에 3의 배수를 모두 지웁니다.(\)

⑥ 같은 방법으로 5를 남기고 5의 배수를 지웁니다.(–)

⑦ 7을 남기고 7의 배수를 지웁니다.(×)

1	2	3	4	5	6	7	8	9	10
11	12	13	14	15	16	17	18	19	20
21	22	23	24	25	26	27	28	29	30
31	32	33	34	35	36	37	38	39	40
41	42	43	44	45	46	47	48	49	50
51	52	53	54	55	56	57	58	59	60
61	62	63	64	65	66	67	68	69	70
71	72	73	74	75	76	77	78	79	80
81	82	83	84	85	86	87	88	89	90
91	92	93	94	95	96	97	98	99	100

그 결과 숫자판에는 위와 같이 25개의 소수들만 남았습니다.

(2) 메르센 소수

소수 중에는 메르센 소수가 있는데, 메르센 소수란 소수 중에서 2^n-1꼴인 수를 말합니다. n은 소수입니다.

$$n=2일 \ 때, \ 2^n-1=2^2-1=4-1=3$$

$$n=3일 \ 때, \ 2^n-1=2^3-1=8-1=7$$

$$n=5일 \ 때, \ 2^n-1=2^5-1=32-1=31$$

$$\vdots$$

소수 중에서 2^n-1꼴인 수는 메르센 소수라고 하지.

소수를 찾는 게 쉽네.

항상 성립하는 건 아냐.

$n=11$일 때,
$2^n-1=2^{11}-1=2048-1=2047$인데
2047은 1, 23, 89를 약수로 가지고 있거든.

메르센 소수는 항상 성립하는 것은 아닙니다.

예를 들어 $n=11$이고, $2^n-1=2^{11}-1=2048-1=2047$ 이고, 2047은 1, 23, 89를 약수로 가지고 있어 합성수입니다.

2. 소인수

소인수란 인수약수들 중에 소수인 인수를 말합니다.

24의 인수 : 1, 2, 3, 4, 6, 8, 12, 24

24의 소인수 : 2, 3

$$x^3+2x^2-x-2=(x+2)(x^2-1)$$
$$=(x+2)(x+1)(x-1)$$

x^3+2x^2-x-2의 인수 :

• 항이 1개인 경우 : $(x+1)$, $(x-1)$, $(x+2)$,

• 항이 2개인 경우 : $(x+1)(x-1)$, $(x+1)(x+2)$,

$\qquad\qquad\qquad\quad (x+2)(x-1)$,

• 항이 3개인 경우 : $(x+1)(x-1)(x+2)$

x^3+2x^2-x-2의 소인수 : $(x+1)$, $(x-1)$, $(x+2)$

따라서 x^3+2x^2-x-2를 소인수분해하면 다음과 같이 나타낼 수 있습니다.

$$x^3+2x^2-x-2=(x+1)(x-1)(x+2)$$

에라토스테네스 체의 소수와 메르센 소수를 비교하면 다음과 같습니다.

	같은 점	다른 점
에라토스 테네스 체	• 소수를 쉽게 찾는 데 쓰이는 방법 중에 한가지이다.	• 구하고자 하는 자연수의 범위에 있는 모든 소수를 정확하게 찾아낼 수 있다.
메르센 소수		• 2^n-1에 해당되는 소수만을 구할 수 있다. • 지수 n값이 소수일 때, 성립한다.

1. **소수** 소수素數는 1과 자신만을 약수로 가지면서 약수의 개수가 2개 뿐인 자연수를 말합니다. 1은 1과 자신만을 약수로 가지지만 약수가 1개뿐이어서 소수가 아닙니다.

  • 소수 중에서 짝수인 소수는 2 하나뿐입니다.

  • 소수의 제곱수는 3개의 약수를 가집니다.

  • 소수의 제곱수의 약수는 1과 소수 그리고 자신의 수입니다.

2. **소인수** 소인수란 인수約數들 중에 소수인 인수를 말합니다.

  예를 들어 24를 소인수분해하면 아래와 같습니다.

  $24 = 2 \times 2 \times 2 \times 3$

  $\quad = 2^3 \times 3$

  24의 인수 : 1, 2, 3, 4, 6, 8, 12, 24

  24의 소인수 : 2, 3

자연수 N이 $N = a^m \times b^n$ 으로 소인수분해될 때,
N의 약수의 개수는 $(m+1)(n+1)$개입니다.
단, a, b는 서로 다른 소수입니다.

소인수분해

9교시 학습 목표

1. 소인수분해의 개념을 알 수 있습니다.
2. 거듭제곱의 개념을 알 수 있습니다.

미리 알면 좋아요

1. 거듭제곱

거듭제곱이란 같은 수나 문자를 거듭_{반복}하여 곱한 것을 말합니다.

$a \times a \times a \times a = a^4$

a^4에서 a를 밑이라고 부르고, 4를 지수라고 부릅니다.

$16 = 2 \times 2 \times 2 \times 2 = 2^4$

2^4에서 2를 밑이라고 부르고, 4를 지수라고 부릅니다.

2. 소인분해와 인수분해

하나의 정수나 다항식을 2개 이상의 정수나 다항식의 곱으로 나
타내는 것을 인수분해라고 합니다. 인수분해된 인수 중 소수들만
의 곱으로 나타낼 때 소인수분해라고 합니다. 자연수에서는 소수
인 인수들만의 곱으로 나타낸 것을 소인수분해라고 합니다.

예) $420 = 2 \times 2 \times 3 \times 5 \times 7 = 2^2 \times 3 \times 5 \times 7$

1 소인수분해와 인수분해의 같은 점과 다른 점을 쓰시오.

하나의 정수나 다항식을 2개 이상의 정수나 다항식의 곱
으로 나타내는 것을 인수분해라고 합니다. 인수분해된 인수
중 소수들만의 곱으로 나타낼 때 소인수분해라고 합니다.

1. 소인수분해를 이용한 약수 구하기

자연수의 약수를 구하기 위해서는 자연수를 나누어떨어
지게 하는 수를 찾으면 됩니다.

$18 = 1 \times 18$

$18 = 2 \times 9$

$18 = 3 \times 6$

그러나 자연수가 18처럼 작지 않고 3600처럼 큰 수가 된
다면 3600의 약수를 찾는 것은 쉽지 않을 것입니다. 이렇게
큰 자연수의 약수를 찾을 때 쓰이는 방법이 바로 소인수분
해입니다.

18을 인수분해하면 다음과 같습니다.

18의 인수 중에 18은 2와 9로 나누어집니다.

18의 인수 중에 9는 3과 3으로 나누어집니다.

$$18 = 1 \times \underline{18}$$
$$= 1 \times \underline{2} \times \underline{9}$$
$$= 1 \times 2 \times \underline{3} \times \underline{3}$$

인수분해 된 18의 인수 중에 소수는 2와 3뿐입니다.

18의 인수 2와 3만의 곱으로 나타내는 것이 바로 소인수분해입니다.

$$18 = 2 \times 3 \times 3$$

소수들만의 곱으로 이루어진 소인수분해에서 소수가 반복적으로 곱해진 경우 3×3에는 거듭제곱 꼴로 나타냅니다.

$$3 \times 3 = 3^2$$

따라서 18을 소인수분해하면 아래와 같습니다.

$$18 = 2 \times 3^2$$

좀 더 큰 수 72를 소인수분해해 보겠습니다.

$$72 = 2 \times 2 \times 2 \times 3 \times 3$$
$$= 2^3 \times 3^2$$

2. 거듭제곱

거듭제곱이란 같은 수나 문자를 거듭_{반복}하여 곱한 것을 말합니다.

$$a \times a \times a \times a = a^4$$
$$16 = 2 \times 2 \times 2 \times 2 = 2^4$$

a^4에서 a를 밑이라고 부르고, 4를 지수라고 부릅니다.

방정식이나 함수에서는 지수 대신 차수라고 바꾸어 부릅니다.

$$a \times a \times a \times b \times b \times c = a^3 \times b^2 \times c^1$$

밑 : a, b, c a의 지수 : 3, b의 지수 : 2, c의 지수 : 1

지수가 1일 경우에는 생략을 합니다. 따라서 위의 거듭제곱은 다음과 같이 나타냅니다.

$$a \times a \times a \times b \times b \times c = a^3 \times b^2 \times c$$

$$360 = 2 \times 2 \times 2 \times 3 \times 3 \times 5 = 2^3 \times 3^2 \times 5$$

아래와 같은 방법으로 쉽게 소인수분해를 할 수 있습니다. 가장 작은 소수와의 곱을 계속해서 소수들만의 곱이 될 때까지 합니다.

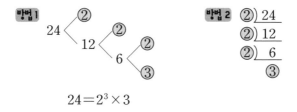

$$24 = 2^3 \times 3$$

소인수분해를 이용하여 24의 약수를 다음과 같이 구할 수 있습니다.

×	1	2	$2^2 = 4$	$2^3 = 8$
1	1	2	4	8
3	3	6	12	24

먼저 맨 위의 가로 칸과 왼쪽의 세로 칸에 밑이 다른 소인수의 곱을 차례로 구분하여 적습니다. 즉 가로 칸에는 8의 약수를, 세로 칸에는 3의 약수를 각각 적습니다. 순서를 바꾸어 가로 칸에 3의 약수를, 세로 칸에 8의 약수를 적어도 상관없습니다. 가로 칸과 세로 칸의 수를 순서대로 곱하여 각각의 칸을 채우면 각각의 칸에 있는 수가 바로 24의 약수가 됩니다. 따라서 소인수분해를 이용하여 구한 24의 약수는 1, 2, 3, 4, 6, 8, 12, 24입니다.

밑이 3개 이상인 약수는 가로 칸과 세로 칸에 소인수의 제곱수를 적당히 나누어 적습니다.

예를 들어 180의 약수를 알아보겠습니다.

$\times$	1	2	$2^2=4$	5	$2\times5=10$	$4\times5=20$
1	1	2	4	5	10	20
3	3	6	12	15	30	60
$3^2=9$	9	18	36	45	90	180

가로 칸에는 밑이 2의 제곱수와 밑이 5인 제곱수를 적고,

세로 칸에는 밑이 3인 제곱수를 차례로 적습니다. 그 다음은
위의 24의 약수를 구하는 방법과 같이 칸을 채우면 됩니다.

따라서 소인수분해를 이용하여 구한 180의 약수는 다음
과 같습니다.

1, 2, 3, 4, 5, 6, 9, 10, 12, 15, 18, 20, 30, 36, 45, 60, 90, 180

소인수분해를 이용하면 약수의 개수를 구할 수 있습니다.

자연수 $\mathbb{N}$이 $\mathbb{N}=a^m \times b^n$a, b는 서로 다른 소수으로 소인수분
해 될 때, $\mathbb{N}$의 약수의 개수는 $(m+1)(n+1)$개입니다. 그리
고 $\mathbb{N}$의 약수의 총합은 다음과 같습니다.

$$(1+a^1+a^2+a^3+\cdots+a^m)(1+b^1+b^2+\cdots+b^n)$$

자연수 $\mathbb{N}$이 $\mathbb{N}=a^l \times b^m \times c^n$a, b, c는 서로 다른 소수으로 소인수
분해 될 때, $\mathbb{N}$의 약수의 개수는 $(l+1)(m+1)(n+1)$개입니다.

그리고 $\mathbb{N}$의 약수의 총합은 다음과 같습니다.

$$(1+a^1+a^2+\cdots+a^l)(1+b^1+b^2+\cdots+b^m)(1+c^1+c^2+\cdots+c^n)$$

24의 약수의 개수를 구해 봅시다.

24=$2^3 \times 3^1$이므로 $(3+1)(1+1) = 4 \times 2 = 8$개입니다.

180의 약수의 개수를 구해 봅시다.

180=$2^2 \times 3^2 \times 5^1$이므로

$$(2+1)(2+1)(1+1) = 3 \times 3 \times 2 = 18$$개입니다.

소인수분해를 이용하면 약수의 개수가 몇 개인지 쉽게 알 수 있어.

24=$2^3 \times 3^1$이므로 $(3+1)(1+1)$ =$4 \times 2 = 8$, 즉 8개야.

180=$2^2 \times 3^2 \times 5^1$이므로 $(2+1)(2+1)(1+1)$ =$3 \times 3 \times 2 = 18$, 즉 18개지.

약수를 맞게 구했는지 모르겠네.

각 지수에 1을 더한 후 곱하면 약수의 개수를 구할 수 있군.

24의 약수의 총합을 구해 보면, $24=2^3 \times 3^1$이므로 다음과 같습니다.

$$(1+2^1+2^2+2^3)(1+3^1)=(1+2+4+8)(1+3)=15 \times 4=60$$

180의 약수의 총합을 구해 보면, $180=2^2 \times 3^2 \times 5^1$이므로 다음과 같습니다.

$$(1+2^1+2^2)(1+3^1+3^2)(1+5^1)=7 \times 13 \times 6=546$$

소인수분해와 인수분해를 비교해 보면 다음과 같습니다.

	같은 점	다른 점
인수분해	• 어떤 정수나 다항식을 인수분해한 인수나 소인수분해한 소인수는 모두 어떤 정수나 다항식의 약수가 된다.	• 어떤 정수나 다항식을 나누어떨어지게 하는 수나 항은 모두 그 수나 항으로 인수분해된다.
소인수분해		• 어떤 정수나 다항식의 인수 중에서 소수인 인수들의 곱으로만 나타낸다.

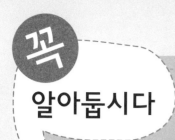

소인수분해를 통한 약수의 개수 구하기

소인수분해를 이용하면 약수의 개수를 구할 수 있습니다.

자연수의 약수의 개수를 구할 때는 자연수를 소인수분해한 후 소인수의 지수에 1을 더한 다음 곱해 주면 자연수의 약수의 개수를 알 수 있습니다.

자연수 $\mathbb{N}$이 $\mathbb{N} = a^m \times b^n$ a, b는 서로 다른 소수으로 소인수분해될 때, $\mathbb{N}$의 약수의 개수는 $(m+1)(n+1)$개입니다.

자연수 $\mathbb{N}$이 $\mathbb{N} = a^l \times b^m \times c^n$ a, b, c는 서로 다른 소수으로 소인수분해될 때, $\mathbb{N}$의 약수의 개수는 $(l+1)(m+1)(n+1)$개입니다.

서로 다른 두 분수에 어떤 분수를 곱하여 자연수로 만들려면,

분자에는 분모의 최소공배수를,

분모에는 분자의 최대공약수를 곱하여 줍니다.

소인수분해의
활용

10_{교시}

10교시 학습 목표

1. 소인수분해를 이용하여 최대공약수 구할 수 있습니다.
2. 소인수분해를 이용하여 최소공배수 구할 수 있습니다.
3. 톱니수와 회전수를 구할 수 있습니다.

미리 알면 좋아요

서로 다른 두 분수를 자연수로 만들기

서로 다른 두 분수에 어떤 분수를 곱하여 자연수로 만들려면, 분자에는 분모의 최소공배수를, 분모에는 분자의 최대공약수를 곱하여 줍니다.

서로 다른 두 분수 $\dfrac{b}{a}$, $\dfrac{d}{c}$에 각각 곱하여 자연수로 만들어 줄 분수 중 가장 작은 분수는 $\dfrac{(a,\ c의\ 최소공배수)}{(b,\ d의\ 최대공약수)}$ 입니다.

서로 다른 두 분수에 어떤 수를 곱하여 자연수로 만들려면, 분자에 분모의 최소공배수를 곱하여 줍니다. 서로 다른 두 분수 $\dfrac{b}{a}$, $\dfrac{d}{c}$에 각각 곱하여 자연수로 만들어 줄 자연수 중 가장 작은 수는 a, c의 최소공배수입니다.

문제

1 240의 약수의 개수를 구할 때, 나눗셈을 이용한 방법

과 소인수분해를 이용한 방법으로 각각 구하시오.

1. 소인수분해를 이용한 최대공약수 구하기

우리는 이미 7교시에서 최대공약수와 최소공배수를 배웠습니다. 10교시에서는 소인수분해를 이용하여 최대공약수와 최소공배수를 구하는 방법을 알아보겠습니다.

두 수 이상의 자연수의 최대공약수를 구할 때, 소인수분해를 이용하면 다음과 같은 방법으로 구하면 됩니다.

- 각 자연수를 소인수분해하여 거듭제곱 꼴로 나타낸다.
- 각 자연수의 소인수 중에서 공통인 소인수를 고른다.
- 공통인 소인수들 중에서 지수가 작은 소인수의 거듭제곱들을 뽑아내어 곱으로 나타낸다.

자연수 2100과 3528의 최대공약수를 다음과 같이 구해 보겠습니다.

- $2100 = 2^2 \times 3 \times 5^2 \times 7$, $3528 = 2^3 \times 3^2 \times 7^2$

- 공통인 소인수 : 2, 3, 7

따라서 2100과 3528의 최대공약수는 $2^2 \times 3 \times 7 = 4 \times 3 \times 7 = 84$입니다.

나눗셈을 이용하는 방법　　**소인수분해를 이용하는 방법**

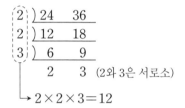

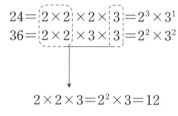

최대공약수 : 12　　　　　최대공약수 : 12

숫자가 큰 두 수 사이의 최대공약수를 구할 때는 소인수분해를 이용하여 최대공약수를 구하는 것이 편리합니다. 두 자연수를 어떤 자연수로 나누어 각각의 나머지가 생길 때, 최대공약수는 다음과 같은 방법으로 구합니다.

A를 x로 나누면 m이 남고, B를 x로 나누면 n이 남는 수 중 가장 큰 수 x는 A$-m$과 B$-n$의 최대공약수입니다.

문제

② 76을 어떤 수로 나누면 4가 남고, 50을 어떤 수로 나누면 2가 남습니다. 어떤 수 중 가장 큰 수를 구하시오.

정답 24

풀이 $76-4=72$, $50-2=48$

72과 48의 최대공약수는 24에서 어떤 수 중 가장 큰 수는 24입니다.

2. 소인수분해를 이용한 최소공배수 구하기

두 수 이상의 자연수의 최소공배수를 구할 때, 소인수분해를 이용한 최소공배수는 다음과 같은 방법으로 구합니다.

- 각 자연수를 소인수분해하여 거듭제곱 꼴로 나타냅니다.
- 각 자연수의 소인수 중에서 모든 소인수를 고릅니다.
- 공통인 소인수들 중에서는 지수가 큰 소인수와 그 외의 소인수들을 모두 뽑아내어 곱으로 나타냅니다.

자연수 2100과 3528의 최소공배수를 다음과 같이 구해 보겠습니다.

$$2100 = 2^2 \times 3 \times 5^2 \times 7$$
$$3528 = 2^3 \times 3^2 \times 7^2$$

모든 소인수 : 2, 3, 5, 7

$$2^3 \times 3^2 \times 5^2 \times 7^2$$

따라서 2100과 3528의 최소공배수는 다음과 같습니다.

$$2^3 \times 3^2 \times 5^2 \times 7^2 = 8 \times 9 \times 25 \times 49$$
$$= 88200$$

이제 나눗셈을 이용하여 최소공배수를 구하는 방법과 소인수분해를 이용하여 최소공배수를 구하는 방법을 24와 36을 가지고 비교하여 보겠습니다.

나눗셈을 이용하는 방법	소인수분해를 이용하는 방법

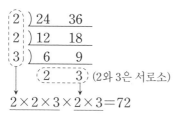 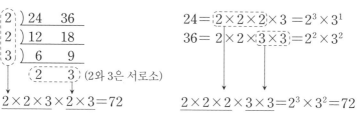

최소공배수 : 72   최소공배수 : 72

숫자가 큰 두 수 사이의 최소공배수를 구할 때는 소인수
분해를 이용하여 최소공배수를 구하는 것이 편리합니다.

- 서로 다른 두 분수를 자연수로 만들 때, 곱해 줄 수 있는
  수 중 가장 작은 분수는 두 분수의 분모의 최소공배수를
  분자의 최대공약수로 나눈 분수이다.
- 서로 다른 두 분수 $\dfrac{b}{a}$, $\dfrac{d}{c}$ 를 각각 곱하여 자연수로 만들
  어 줄 분수 중 가장 작은 분수는 $\dfrac{(a, c \text{의 최소공배수})}{(b, d \text{의 최대공약수})}$
  이다.

③ 두 분수 $\dfrac{2}{5}$와 $\dfrac{4}{15}$의 어느 것에 곱하여도 그 곱의 결과가 자연수가 되게 하는 분수 중 가장 작은 분수를 구하시오.

정답 $\dfrac{15}{2}$

풀이 두 분수의 분모 5와 15의 최소공배수는 15입니다.

두 분수의 분자 2와 4의 최대공약수는 2입니다.

따라서 구하고자 하는 분수 중 가장 작은 분수는 $\dfrac{15}{2}$입니다.

어떤 자연수 A를 세 자연수 x, y, z로 나누어도 나누어 떨어질 때, 가장 작은 자연수 A는 x, y, z의 최소공배수입니다. 단, x, y, z는 A보다 작습니다.

④ 어떤 자연수 A는 2, 3, 5의 어느 것으로도 나누어도 나누어떨어집니다. 자연수 A중 가장 작은 수를 구하시오.

정답 30

풀이 A는 2의 배수도 되고 3의 배수도 되고 5의 배수도 됩니다.

따라서 A는 2, 3, 5의 공배수이므로 공배수 중 가장 작은 수는 2, 3, 5의 최소공배수인 30입니다.

두 개의 톱니바퀴가 맞물려 돌아갈 때, 두 톱니바퀴의 톱니수의 비와 회전수의 비는 서로 역수 관계입니다.

A톱니바퀴의 톱니 수 → a개

B톱니바퀴의 톱니 수 → b개

A와 B의 톱니바퀴의 톱니 수의 비 → $a:b$

A와 B의 톱니바퀴의 회전수의 비 → $\dfrac{1}{a}:\dfrac{1}{b}=b:a$

문제

⑤ 톱니 수가 각각 12개, 18개인 톱니바퀴 A와 B의 회전
수의 비를 구하시오.

정답 3:2

풀이 A톱니바퀴의 톱니 수 : 12개

B톱니바퀴의 톱니 수 : 18개

A와 B의 톱니바퀴의 톱니 수의 비 −2:3

A와 B의 톱니바퀴의 회전수의 비 −$\dfrac{1}{2}:\dfrac{1}{3}=3:2$

따라서 두 톱니바퀴 A와 B의 회전수의 비는 3:2입
니다.

240의 약수의 개수를 구할 때, 나눗셈을 이용한 방법과 소인수분해를 이용한 방법을 정리하면 다음과 같습니다.

	약수의 개수 구하는 방법	240의 약수의 개수
나눗셈을 이용	1×240, 2×120, 3×80, 4×60, 5×48, 6×40, 8×30, 10×24, 12×20, 15×16	1, 2, 3, 4, 5, 6, 8, 10, 12, 15, 16, 20, 24, 30, 40, 48, 60, 80, 120, 240 $\therefore$ 20개
소인수분해를 이용	$240 = 2 \times 2 \times 2 \times 2 \times 3 \times 5$ $= 2^4 \times 3^1 \times 5^1$이므로 약수의 개수는 $(4+1) \times (1+1) \times (1+1)$ $= 5 \times 2 \times 2 = 20$ 즉 20개이다.	$5 \times 2 \times 2$ $= 20$ $\therefore$ 20개

톱니 수와 회전수 구하기

톱니 수가 많고 톱니 수가 적은 두 톱니바퀴가 있을 때, 톱니수가 적은 톱니바퀴는 톱니수가 많은 톱니바퀴보다 상대적으로 더 많이 회전을 해야 합니다. 즉 두 개의 톱니바퀴가 맞물려 돌아갈 때, 두 톱니바퀴의 톱니 수의 비와 회전수의 비는 서로 역수관계가 됩니다.

A톱니바퀴의 톱니 수 : a개

B톱니바퀴의 톱니 수 : b개

A와 B의 톱니바퀴의 톱니 수의 비 $a:b$

A와 B의 톱니바퀴의 회전수의 비 $\dfrac{1}{a}:\dfrac{1}{b}=b:a$